実践者が語る！

時代に知っておくべき 環境問題入門

福嶋慶三／加納　隆／井上和彦／下司聖作〔編著〕

関西学院大学出版会

SDGs時代に知っておくべき環境問題入門

福嶋慶三・加納　隆・井上和彦・下司聖作［編著］

関西学院大学出版会

はじめに

「SDGs（エス・ディー・ジーズ）について、聞いたことはありますか？」

こう聞かれて、おそらく、本書を手に取った多くの方は「聞いたことがある」「知っている」と答えるのではないかと思います。

実際、最近の調査でも、日本人のうちSDGs（Sustainable Development Goals ＝ 持続可能な開発目標）について知っている、聞いたことがあるという人は、およそ8割〜9割に達しているとの報告があります（※）。中学校や高校でも授業で扱われるようになったり、また、駅や街中でも、胸にSDGsバッジをつけたビジネスパーソンをよく見かけるようになったと思います。

では、次の質問です。

「このSDGs時代ともいえる今、知っておくべき環境問題は、わかりますか？」

実際に、SDGs17個の目標のうち、環境問題に関わる目標は12個に及びます。なぜなら、地球環境の危機と言われて久しい現代ですが、まだまだ、その解決に向けては、多くの努力を必要とするからです。実際に、日本だけではなく、多くの国や、自治体、企業や大学などで、今、環境問題に関する取り組みが、急速に進んでいます。読者の皆さんのなかにも、「カーボンニュートラル」や「サーキュラーエコノミー」といった言葉を、聞いたことのある方もいらっしゃると思います。

スマホやスナック菓子と、環境問題の関わり？

たとえば、普段使っているスマートフォンが、資源の奪い合いや紛争にまでつながっているかもしれないとしたら、どうでしょうか？ あるいは、普段食べているスナック菓子が、地球温暖化（気候変動）問題と結びついているかもしれないとしたら？

どちらも、気になりませんか。仮にもし、そうだとしても、では、どうすればいいのでしょうか。（詳しくはそれぞれ、本書の第4章や第11章をお読みください）

もし、あなたが社会人であれば、あなたの働いている会社は、どうでしょうか。もし、あなたが学生であれば、これから就職して働きたいと思う会社は、どうでしょうか。大丈夫でしょうか。

皆さんは「自分の（将来働きたいと思う）会社は、大丈夫。世の中に、○○という商品やサービスで、貢献しているから」とおっしゃるかもしれません。

でも、それはスマートフォンやスナック菓子と同じではありませんか？便利な道具、美味しいお菓子。それらは私たちの生活を確実に豊かにしてくれています。でも、それらがどのようにして作られてきたのかや、廃棄されるまでといった過程はどうでしょうか。皆さんの手元にあるものをみて、それがどこから、どうやって皆さんの手元にたどり着いたのか、説明できるでしょうか。

もし、iPhone を使っている方がいらしたら、iPhone はどこの国の会社の商品かご存知ですよね。そう、アメリカです。でも、あなたの iPhone は、本当にアメリカで作られたものでしょうか？ ぜひ、あなたの iPhone の裏側を見てみてください。何かが英語で書かれているかもしれません。また、iPhone を構成している部品や素材はいかがでしょうか。

同じように、あなたの会社の（あるいは、あなたが将来働いてみたいと思う会社の）商品やサービスについて、自信を持って「世の中の役に立っている」「何も悪いことはしていない」と言えるでしょうか。どうでしょうか。

本書の特徴

本書は、関西学院大学商学部の教養基礎講義G「環境」（春学期・秋学期）として、執筆陣が行っている講義をベースとしつつ、臨場感や熱量はそのままに、改めて、一般読者も対象に含め書き下ろしたものです。大学での講義は主に1年生を対象としたものであるため、わかりやすさを心がけており、本書も同様に、読みやすく、わかりやすいものとなるよう意識しています。読者の皆さんには、ぜひ、大学で講義を受けているような気持ちで、本書をお読みいただければと思います。

また、執筆陣は、それぞれ国や地方の行政、企業、NGOなど各分野の第一線で活躍している実践者たちばかりです。このいわゆる、マルチステークホルダーな執筆陣が、SDGsのなかでも中核を占める「環境問題」について、SDGsを踏まえつつ、実際に日々携わる業務などのなかから、えりすぐりの情報や動き、事例、トレンド、知っておきたいキーワードなどを中心に紹介し、解説しています。加えて、SDGsはあくまでアクション目標ですから、単に聞いたことがある、知っているというだけでは不十分です。そのため、私たちの生活や学校、職場などで実際に使える、具体的な実践行動（アクション）につながるようなヒントを、本書の随所にちりばめました。なかには、読後にすぐにお使いいただけるものもあります。

想定している対象読者

たとえば、次のような方がお読みになられると、特に有効に使っていただくことができるのではないかと思います。もちろん、それ以外の方にお読みいただいても、SDGsや環境問題などについて、広く教養・知識として身につけることができると思います。

〈社会人の方〉

- 社会人の皆さんであれば、特に新人の皆さんには、まさに社会人に必要な知識として身に着けておくために。営業活動などをされている方にも、商談などで恥をかかないように必要な教養として。
- 管理職や経営層の皆さんであれば、今さら、人に聞きづらいSDGsや環境問題について、手っ取り早く大事なポイントを抑えるために。
- そして、新たに環境やCSR部門に配属された人には、まさに実践のための基礎知識・バイブル・具体アクションに向けたヒント集として。

〈大学生・高校生・教員の方〉

- 大学生の皆さんであれば、就職活動の前に、エントリーシートや面接で振り落とされないよう常識として、ざっとSDGsや環境問題を把握しておくために。特に、就職先として、環境分野を考えている人には、実際の仕事をイメージするためにも使えます。
- 高校生の皆さんであれば、大学の授業では、このような内容の講義が行われているんだということを知るために。
- 高校・中学の教員の皆さんであれば、生徒にSDGsや環境問題を教える際の背景知識や教材として活用するために。
- 大学の教員の皆さんであれば、授業のテキストや副読本として、授業を補完するために。

本書の構成

それでは、本書の構成についてご紹介します。まず本書は、それぞれが独立した章で構成されていますので、ご自身が興味を持った、どの章からお読みいただいても構いません。各章の冒頭には"**Objective**"として、その章の狙いやまとめを記載しています。まずは、各章の冒頭だけをざっとご覧いただき、読みたい章を決めていただくのもよいと思います。

そのうえで、本書は大きく、以下の3部構成としています。

第Ⅰ部は「環境問題の基礎知識」として、第1章から第5章で、環境問題の歴史にはじまり、カーボンニュートラルやGX、自然資本、生物多様性、環境と経済のつながり、サーキュラーエコノミーやESG投資といった、最近話題のトピックを取り上げています。手っ取り早く、最近よくニュースでも取り上げられるような環境問題についての基礎知識を仕込みたいといった方は、この辺りから読むのがお勧めです。

続いて第Ⅱ部では「環境問題とステークホルダーの取り組み」として、第6章から第12章まで。自治体、企業、NGOなどの各ステークホルダーにおける環境問題やSDGsにおける取り組みを、それぞれ具体事例を紹介しながら解説しているほか、横軸として、各ステークホルダーの違いと役割や、SDGsの17番目の目標にもあるパートナーシップについて、それぞれのステークホルダーの関係性や協働などについても述べています。

最後に第Ⅲ部は「環境問題の見方と私たちの生活」として、第13章から第15章まで。環境問題を考えることで「物事の本質を見抜く力」を養うことができるといった考え方や見方、また、実際のライフスタイルをどのように変革していくかを身近な事例で考えたり、大リーガーの大谷翔平選手の目標シートから着想を得たSDGsゲームなどを紹介するなど、実践につながるヒントをまとめています。

そのほか、楽しいコラムも随所に配置して、本文に関連するトピックや、最新の話題、具体アクションにつながるヒントなどをふんだんにご紹介しています。さらに巻末には参考文献や索引をまとめていますので、もっと勉強を進めたくなったという方は、ぜひ、ご活用いただければと思います。

なお、本書に記載の内容は、必ずしも筆者たちの所属する団体の意見や見解とは限らない、個人的な意見や見解が含まれうる場合がある点について、お断りさせていただきます。

＊たとえば、次のような調査があります。
◎生活者のSDGs認知率は9割に　第3回「SDGsに関する意識調査」を実施（株式会社WAVE）
https://prtimes.jp/main/html/rd/p/000000014.000025065.html#:~:text=SDGs%E3%81%AE%E8%AA%8D%E7%9F%A5%E7%8E%87%EF%BC%88%E3%80%8CSDGs,%E3%81%AE%E5%A2%97%E5%8A%A0%E3%81%A7%E3%81%82%E3%81%A3%E3%81%9F%E3%80%82
◎SDGsの認知率は8割超　第5回「SDGsに関する生活者調査」を実施（電通）
https://www.dentsu.co.jp/news/release/2022/0427-010518.html

目　次

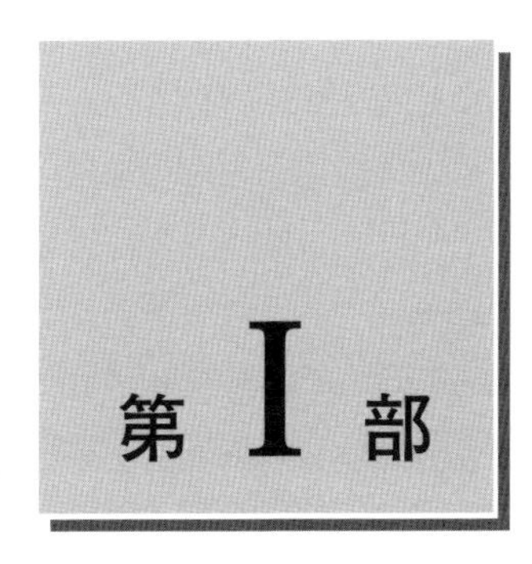

環境問題の基礎知識

第1章
環境問題の歴史（概観）

福嶋慶三

Chapter contents

Objective

第Ⅰ部では、環境問題の基礎・基本的な内容をお伝えしていきますが、本章では、本書全体のオープニングとして、まず、世界と日本の環境問題の歴史を簡単に振り返ります。日本でも公害問題などを乗り越えてきましたが、世界全体では、途上国を中心に、まだまだ環境問題に苦しむ国が多くあります。最初のターニングポイントは1992年の地球サミットであり、そこから2015年に成立したSDGsへと、今につながる流れが生まれました。

> あなたは知らないでしょう。死んだ川にどうやってサケを呼びもどすのか。絶滅した動物をどうやって生き返らせるのか。そして、今や砂漠となってしまった場所に、どうやって森を蘇らせるのか。（大人の皆さん）どうやって直すのかわからないものを、壊し続けるのはもうやめてください。〈中略〉あなたたち（大人）は、私たち（子ども）を愛していると言います。もし、その言葉が本当なら、行動で示してください。（筆者訳）

これは、1992年6月にリオ・デ・ジャネイロ（ブラジル）で開かれた、環境と開発に関する国連会議、いわゆる第1回地球サミットで行われた、カナダ出身のセヴァン・スズキさん（当時12歳）のスピーチの抜粋です（WEBで簡単に全文や、スピーチの動画も見ることができますので、詳細を知りたい方は、ぜひ、そちらをご覧ください）。後に、伝説のスピーチとも呼ばれるこのスピーチは、当時の環境問題に対する認識をよく表していると思います。なぜ、世界の環境はここまで悪化してきたのか。そして、それに対して人類はどのような取り組みを進めてきたのか。簡単に見ていきたいと思います。

1　世界の環境問題の歴史（概観）

まず、世界の環境問題の歴史を振り返りますと、特に18世紀後半に始まった産業革命以降の産業や経済社会の発展が、大規模な環境問題を引き起こしてきたといえます。それは、人間がより便利で、より快適な生活を望んだ半面、負の側面といえるかもしれません。まさに、冒頭のセヴァンさんのスピーチのように、どうやって直すのかわからないもの（＝環境、地球）を、壊し続けてきたのです。

たとえば、私たちは、その昔、馬を原動力とする馬車といった、今から考えると非常にエコな乗り物から、石炭や石油などの化石燃料を使用する自動車や機関車、飛行機などの乗り物に乗り換えました。そうすることで、より早く、より遠くへ行けるようになりました。その代わり、電気を作るための火力発電所、部品や製品を作るための工場、そして自動車そのものなどからの排気ガスによる大気汚染が原因となり、ぜんそくや呼吸器系の病気になる人が増え、亡くなる人も多く発生しました。

たとえば、英国で1952年に起こった「ロンドンスモッグ事件」は有名です。2週間で約4000人、その後合計で1万人以上が亡くなったと言われており、原因は工場、発電所、家庭の暖房ストーブなどで使用される石炭燃焼の際に発生する硫黄酸化物やばいじん、粉じん等とされています。亡くなった方の多くはお年寄りや子どもでした。この事件をきっかけに、英国では「大気清浄法（Clean Air Act）」ができ、燃料や排煙についての規制が始まりました。また同様に米国でも、産業の発展や自動車の増加で大気汚染が各都市で深刻となり、1955年に米国政府は大気汚染防止法を制定しました。

そのほかにも、欧州や北米では大気汚染を原因とする酸性雨により、広いエリアで森林の木々が枯死したり、湖や川が酸性化して魚がダメージを受けたり、さらには屋外にある建物や文化財などの腐食が進むといったような被害が生じました。特に欧州では、数カ国にまたがる国際河川のライン川やドナウ川などで、上流にある国の工場や家庭からの排水による水質汚染で、下流にある国が被害を受けるといったことも起こりました。

(1) レイチェル・カーソン『沈黙の春』

また、環境問題は大気汚染や水質汚染だけではありません。たとえば、私たちの生活で欠かすことのできない化学物質について、1962年に出版された米国のレイチェル・カーソンの著書『沈黙の春』は、人類に対する警告の書となりました。当時、農薬の農作物への残留性については、あまり知られていませんでした。農薬が残留した農作物を動物や人間が食べることで、食物連鎖や生物濃縮により生態系に影響のあることがカーソンにより明らかになりました。

特に、それまでの環境問題では、大気汚染や水質汚染など、直接的に人が健康を害するような人体に影響がある排ガスや排水が問題となっていました。しかし、ここで問題視されたのは、食事などにより長期間にわたって人体に残留することで、じわじわと健康に被害を及ぼす慢性的なリスクや、はじめに動植物などの生態系に影響が出て、それを人間が摂取することで、間接的に人間にも被害が及ぶ場合があるということでした。

(2) 国連人間環境会議（ストックホルム宣言）

こうして、世界的に環境問題の裾野が広がりを見せるなか、世界で初めて、各国が集まり、環境問題について真剣に話し合うことになりました。1972年にスウェーデンのストックホルムで開かれた「国連人間環境会議」です。あまり知られていないことですが、実は、この会議が開催された初日の6月5日を記念して、この日は国連では「世界環境デー」、日本では「環境の日」とされています。

少し余談になりますが、国連の会議では、先進国と開発途上国とのあいだで意見の対立が起こることがよくあります。いわゆる南北問題がその背景です。この国連人間環境会議も、同様でした。会議の開催にあたり、すでに経済や産業が発展している先進国側は、公害や環境問題の解決こそが重要だと主張しました。一方で、途上国側は、そもそも明日の食事にも困っている人々が自国には多くいるのに、環境問題の解決どころではない。まずは産業を発展させて経済を成長させ、貧困問題を解決するほうが優先である、と主張しました。先進国と途上国の言い分は平行線をたどりましたが、両者はなんとか折り合いました。世界から113カ国が参加した会議のテーマは「Only One Earth（かけがえのない地球）」。そして、会議の最終日には「人間環境宣言（ストックホルム宣言）」が採択されました。宣言7項目、原則26項目。その一部をご紹介しますと「……環境は、共に人間の福祉、基本的人権ひいては、生存権そのものの享受のため基本的に重要である」「人間環境を保護し、改善させることは、世界中の人々の福祉と経済発展に影響を及ぼす主要な課題である。これは、全世界の人々が緊急に望むところであり、すべての政府の義務である」など。およそ50年前に書かれたものですが、内容的には今でも決して色あせない、人類共通の理念が謳われていると思います。

また、この会議の成果として、宣言などのほかに、国際機関としての国連環境計画（UNEP）が設立されることとなり、本部をケニアのナイロビに置いて、活動を開始しました。

Column　国連組織

この本でも国連は何度も登場しますが、皆さん、国連と言われて、どのようなイメージをお持ちでしょうか？ なかには、イメージが沸かない、という方もいるかもしれませんね。国際連合は多くの方もご存知のとおり、第二次世界大戦後にその前身の国際連盟の反省に立って1945年10月に生まれた組織で、加盟国は193カ国（2021年6月現在）。世界平和への貢献が最大の目的ですが、経済や開発問題、人権、教育、環境など、幅広い分野に多くの専門機関を有し、活動を行っています。本部ビルは米国ニューヨークにありますが、テーマに応じた事務局が世界各国に存在します。日本には「国連大学」の本部が東京青山に所在し、同じビルに国連広報センターもあります。また、この本で度々登場する「気候変動枠組条約」の事務局はドイツのボンにあり、現在の事務局長は元メキシコ外務大臣のパトリシア・エスピノサ氏が務められています（2016年7月より）。国連での就職に興味がある方は、特に日本ではJPO（Junior Professional Officer）制度を活用するのが一般的と言われています。ぜひ、外務省や国連広報センターの関連ホームページを覗いてみてください。

(3) 持続可能な開発

ストックホルム宣言の採択や、国連環境計画の設立などにより、世界の公害や環境問題の改善に大きな期待がかかりました。しかし、残念なことに、その後1973年に起きた第1次オイルショックや、さらにその後に勃発した中東戦争によって、世界は経済危機に陥り、環境問題の解決どころではなくなってしまいました。そこで、この状況を打破し、停滞する環境問題への機運を盛り上げるため、日本からの提案により、ストックホルム会議から10周年を記念した1982年に、国連環境計画（UNEP）管理理事会特別会合がケニアのナイロビで開催されました（ナイロビ会議）。この会議で日本は、環境問題について高い見地から提言を行う委員会を設けることを提案しました。その後、国連総会で承認を受け、1984年に発足したこの委員会は「環境と開発に関する世界委員会（WCED=World Commission on Environment and Development）」と名づけられ、ノルウェー首相のグロ・ハーレム・ブルントラント女史が委員長であったことから、通称「ブルントラント委員会」と呼ばれました。

この委員会は、参加委員がそれぞれ個人の自由な立場で議論する、いわゆる賢人会議でしたが、その成果として「我ら共通の未来（Our Common Future）」という報告書がまとめられました。そのなかでは、環境保全と経済開発の関係について「将来世代のニーズを損なうことなく、現在の世代のニーズを満たすこと」という「持続可能な開発（Sustainable Development）」の概念が中心を占め、世界的に広く認知されることとなりました。この概念こそ、現在の「SDGs= Sustainable Development Goals（持続可能な開発目標）」に通じる、地球環境保全と経済社会開発の取り組みを両立・融合させるための重要な道しるべとなりました。

(4) 地球サミットへ

その後、1988年には、国連環境計画（UNEP）と世界気象機関（WMO）により「気候変動に関する政府間パネル（IPCC）」が設置されました。IPCCの下、世界中から優れた科学者や有識者が集められ、二酸化炭素などをはじめとする温室効果ガスの増加に伴う気候変動（＝地球温暖化）についての、科学的、技術的、社会経済的な評価が行われ、その最初（第１次）の評価報告書が1990年に発表されました。報告書のなかでは「科学的不確実性はあるものの、気候変動が生じる恐れは否定できない」ことが指摘されました。

このような流れを受け、1992年に開催されたのが環境と開発に関する国連会議、いわゆる「地球サミット」でした。世界は、1980年代末の冷戦による東西対立構造の終焉とともに、ポスト冷戦の新しい時代を迎えており、地球温暖化に代表される地球環境問題は、新時代における世界がともに協力して立ち向かうべき共通の課題として改めて登場したといえるかもしれません。

会議には、世界172カ国から政府代表が参加し、そのほか産業団体、市民団体などの非政府組織（NGO）など、のべ4万人が参加する国連史上最大級の会議となりました。文字どおり、世界の環境問題の大きなターニングポイントとなったこの地球サミットでは、結果的に宣言や条約など、計五つの重要な国際文書が合意されました。

(5) 地球サミットの成果

一つ目は「環境と開発に関するリオ宣言」の採択。1972年のストックホルム宣言を再確認し、発展させること、また、人類と自然との共生・相互依存などが謳われ、27の原則から構成されています。特にその中心は、先進国と途上国のそれぞれの主張から地球規模での環境問題と開発ニーズのバランスを考えることで、先のブルントラント委員会の報告書で取り上げられた「持続可能な開発」の概念でした。環境と開発の両立には、実際には、先進国と途上国のあいだの衡平性を考えていくことが不可欠です。各国は地球上に住むという意味で同じ仲間ですが、これまでの公害や環境問題などの歴史的背景や、現在の経済財政状況などが大きく異なることから、世界各国には「共通だが差異のある責任」がある、という考え方（第7原則）も盛り込まれました。

二つ目は「アジェンダ21」と呼ばれる、環境と開発に関するリオ宣言を実践するための実施行動計画です。具体的には、貧困の撲滅や消費形態の変更、大気保全や森林減少対策などの様々な環境問題に対する対策、それらに対応するための国際的な機構の整備などが盛り込まれました。条約とは異なり、法的な拘束力はありませんが、各国によって支持、推進されています。特に、地方自治体の役割もクローズアップされ、各国内の地方自治体でローカルアジェンダ21が策定され、地域から環境問題をはじめとする諸問題の解決に向けての取り組みが進みました。

三つ目は「気候変動枠組条約」の署名の開始です。地球温暖化防止のため、二酸化炭素の排出削減などにより、大気中の温室効果ガス濃度を安定化させ、現在および将来の気候を保護することを目的としています。それによって様々な気候変動による人類社会が受ける悪影響を回避しようとするものです。その後条約は1994年に発効し、条約の下、1997年には京都議定書、2015年にはパリ協定が採択されるなど、現在にいたるまで気候変動対策の基軸となっています（第2章参照）。

四つ目は「生物多様性条約」の署名の開始です。人類の社会経済活動の発展により、ものすごいスピードで多くの地球上の生物種が絶命、または絶滅の危機に瀕していると言われています。条約では、生物の多様性を包括的に保全すること、そして保全をするだけでなく持続可能に利用すること、また、遺伝資源の利用から生ずる利益の先進国と途上国のあいだでの公正で衡平な配分についても明記されています。1993年に条約は発効、その後、2010年には愛知目標や名古屋議定書が採択されました（第3章参照）。

五つ目は、「森林に関する原則声明」の採択で、森林の経営・保全・持続的開発の達成に貢献するなどの内容となっています。これについては、先進国は熱帯林の保全を念頭に条約化を目指したのですが、木材が主要な経済資源である途上国などの反発により、残念ながら、あくまで法的拘束力のない声明にとどまりました。

また、地球サミットの正式な成果ではないのですが、当時12才の少女が行ったスピーチが、のちに伝説のスピーチと呼ばれ、世界中の人の感動を呼ぶことになるのは、本章の冒頭でも触れたとおりです。

(6) ヨハネスブルグ・サミット

地球サミットから10年後、この間の地球環境問題とその対応の状況をレビューすべく、2002年8月、南アフリカ共和国のヨハネスブルグで、国連により「持続可能な開発に関する世界首脳会議（World Summit on Sustainable Development = WSSD）」が開催されました。開催地の場所から、ヨハネスブルグ・サミットや第2回地球サミット、また、第1回目のリオ・サミットから10年後ということで、リオ＋10（プラステン）と呼ばれることもあります。

会議には、191カ国から政府関係者、NGO、プレスなど2万人以上が参加し、日本からは小泉純一郎総理大臣（当時）も参加し、「持続可能な開発に関するヨハネスブルグ宣言」、「持続可能な開発に関する世界首脳会議実施計画」など多くの国際文書が採択されました。他方で、1992年の地球サミットに比べると、成果に乏しいといった声もありました。

全くの余談ですが、本章の筆者（福嶋）が社会人となって、すぐに経験した大きな仕事がこのヨハネスブルグ・サミットでした。東京は霞が関の環境省から、現地の南アフリカ・ヨハネスブルグにいる政府代表団を支援するという仕事だったのですが、当時は通信環境も悪く、各国の大臣とのバイ（二国間）会談が急遽決まり、急ぎ関連する資料を作成して現地に送ろうとするのですが、メールもFAXもなかなかうまく届かず、苦労したことをよく覚えています（苦笑）。

(7) リオ＋20

そして、ヨハネスブルグ・サミットからさらに10年後の2012年6月、ブラジル政府の呼びかけにより、再びリオ・デ・ジャネイロにおいて「国連持続可能な開発会議（リオ＋20）」が開催されました。開催直前には準備委員会や、NGOなどの市民が参加した「持続可能な開発対話」（ブラジル政府主催）が行われました。世界188カ国から各国政府代表、地方自治体，国際機関，企業や市民社会の合計約3万人の人々が参加し、日本からは外務大臣が参加しました。また、全体会議の最終日には、成果文書「我々の求める未来（The Future We Want）」が採択されました。

実は、当初想定されていた大きな成果は「グリーン経済（Green

Economy）」への道筋を世界全体でつけることだったのですが、これには途上国の警戒心が強く、むしろ、このリオ＋20で萌芽した「持続可能な開発目標（Sustainable Development Goals = SDGs）」こそが、その後の世界に大きな影響を与えることになるのは、読者の皆さんもご存知のとおりかと思います。

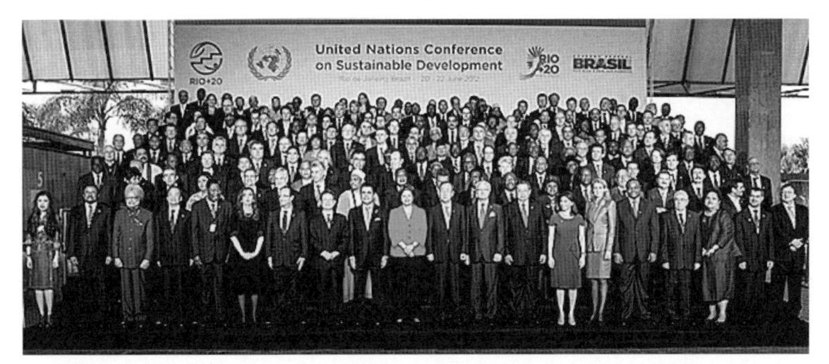

写真1-1　「リオ＋20」に集結した各国の首脳、閣僚級の参加者たち
出典：外務省HP（https://www.mofa.go.jp/mofaj/press/pr/wakaru/topics/vol91/index.html）

(8) 持続可能な開発目標（SDGs）

国連の会議の歴史は、先進国と途上国が議論と対立の繰り返しと、その超克の歴史ともいえます。1992年の地球サミットでは、「持続可能な開発（Sustainable Development）」という旗印で、先進国と途上国は前に進むことができました。上述したように、リオ宣言やアジェンダ21に始まる大きな成果を得ました。しかしながら、実はこの「持続可能な開発（Sustainable Development）」は魔法の言葉のように思えましたが、大いなる同床異夢をはらむものでした。すなわち、結局のところ、先進国は「持続可能（Sustainable）」という部分に関心が強く、途上国は「開発（Development）」という部分に強くこだわりがあるからです。

リオ＋20では、この「持続可能な開発」に続く未来を描こうとした「グリーン経済（Green Economy）」という概念が、途上国の警戒から、あくまで各国に任される自主的なものとなり、「持続可能な開発」に続く、未来を描く言葉・概念とはなりませんでした。その代わりに、新たに台頭してきたともいえるのが、「持続可能な開発目標（Sustainable Development Goals）」なのです。

1992年以来、その後の約20年のあいだ、持続可能な開発という言葉は踊れど、まだまだ、世界は持続可能とはほど遠い状態にありました。持続可能な開発という言葉に対して、人々は「果たして、そんなことは本当に可能なのだろうか」「結局はただのお題目に過ぎないのではないか」と感じつつありました。だからこそ、2012年当時は「グリーン経済」に期待が集まっていたといえます。

しかし、この「持続可能な開発（Sustainable Development）」に具体的な目標を与え、できる限り定量化、見える化を試み、さらには、2000年から途上国の開発をけん引してきた「ミレニアム開発目標（Millennium Development Goals = MDGs）」と融合することによって、「持続可能な開発（Sustainable Development）」は、「持続可能な開発目標（Sustainable Development Goals）」として、まさに生まれ変わったのです。

世界は、今、このSDGsを基軸として動いているといっても過言ではありません。本書でも、本章のみならず、この後の多くの章でSDGsには触れることになります。特に、もはや企業活動は、SDGsを抜きに語ることはできません。本書のこれ以降の章で、ぜひそのことを体感していただけたらと思います。

2　日本の環境問題の歴史（概観）

さて、本章の最後で、少しですが、日本の主な環境問題の歴史についても簡単に振り返っておきたいと思います。多くの読者の方は、おそらく中学校や高校などで習ってこられたとおり、第二次世界大戦後の日本は、当時、東洋の奇跡とも呼ばれた高い経済成長を達成して、今の経済大国の礎を築きました。しかし、その負の側面として、公害問題に直面しました。典型的なものが、いわゆる四大公害と言われる、水俣病、新潟水俣病、イタイイタイ病、四日市ぜんそくです。これらの公害問題は、主に1950年代の半ばから60年代にかけてがそのピークで、多くの方が犠牲となりました。その対応として、1962年に日本で最初の大気汚染対策の法律である「ばい煙規正法」が制定されたのを皮切りに、1967年には「公害対策基本法」が成立。1969年には、政府が初の『公害白書』を発表。1970年には多くの公害対策関連法案が成立したいわゆる「公害国会」があり、翌1971年に関係省庁の公害行政を一元化し、総合調整を行うための環境庁が設立されるなど、公害問題への対応も進みました。また、公害に苦しんだ患者さんたちのなかには、企業や行政を相手に裁判を起こす団体もあり、勝訴や和解といった訴訟の結果が、公害健康被害補償法などの立法措置にもつながっていきま

Column　環境省

環境問題は経済や社会の幅広い分野に関係していて、国の行政機関のなかでも、経済産業省や農林水産省、国土交通省などでは、それぞれの省のなかに環境に関する業務を行う部署が存在しますが、政府全体のなかで環境政策の中心を担っているのが環境省です。その前身となる環境庁が設置されたのは、いまから約50年前の1971年。日本全体が公害問題で大きく揺れていた最中、その対応のため誕生しました。また、その後、2001年には省庁再編に伴い、地球温暖化問題をはじめとする国際対応への強化などを含め環境省に格上げ。2012年には、前年に発生した東日本大震災による福島原発事故対応を踏まえ、原子力規制委員会（事務局：原子力規制庁）が発足、環境省の外局として位置づけられました。職員数の合計は約3000人で、事務職、技術職、国立公園管理などを主に行うレンジャー職の三つの職種（それぞれに総合職と一般職）があります（最近では、名作「日本沈没」のリメイクドラマの主人公が環境省職員で、話題となりました）。日本全体の環境政策の企画・立案・実行を担う仕事は、とてもやりがいのあるものです。環境分野での就職活動を考えている方は、選択肢の一つとして検討されてみるのはいかがでしょうか（新卒採用だけでなく、社会人経験者採用や、任期付きの中途採用などもあります）。

した。さらに、ポリ塩化ビフェニル（PCB）による健康被害問題（カネミ油症事件）を契機として、化学物質審査製造規制法などが整備されることになりました。

1980年代から90年代に入ると、環境問題の中心は、公害問題などの企業の経済活動に起因するものから、都市におけるゴミ問題など、消費者による消費活動に起因するものに変化していきました。そこで、1991年には廃棄物処理法の改正と再生資源利用促進法の制定により、ゴミの排出を抑制することと、リサイクルを進めることが明確に位置づけられました。その後、2000年にはゴミ問題を考える上での骨格となる循環型社会形成推進基本法が成立し、いわゆる「3R（リデュース＝減らす、リユース＝再利用する、リサイクル＝再生利用する）」の考え方が世に浸透するきっかけとなりました。また、特にリサイクルについては、容器包装、家電、食品、建設、自動車、小型家電と各種リサイクル法が順次整備されています。そして、近年のプラスチック・ゴミ問題については、2021年にプラスチック資源循環法が成立し、特にプラスチック・ゴミを減らしたり、リサイクルを進めていくことが定められています。なお、廃棄物に関しては、なるべく資源を使わないように、減らさないようにするよう、社会経済構造を変えていくべきという「サーキュラーエコノミー」の概念が近年提唱されています。こちらについては、ぜひ、第4章や第5章をご覧ください。

2000年代以降になると、日本における環境問題は、公害問題やゴミ問題といった国内の問題から、地球温暖化や生物多様性などをはじめとする、いわゆる地球環境問題へとその中心テーマが移っていきます。それぞれ地球温暖化（気候変動）については第2章に、生物多様性については第3章に詳述されていますので、ぜひそちらをご覧ください。

3 まとめ

以上、現在のSDGsにもつながる環境問題を考える背景として、世界と日本の環境問題における歴史、動きについて、簡単に振り返ってきました。

当然のことですが、現在・未来は、過去からの延長線上にあります。現在や未来の対応を考えるためには、すなわち、冒頭のセヴァンさんのスピーチに戻れば、どうやって直すのかわからないものを壊し続けるのを止めるためには、あるいは直す方法を見つけるためには、まずはいったん、過去について学び、そこからの教訓を汲み取ることも有意義だと思います。本章を読まれて、これまでの環境問題について興味を持たれた方は、ぜひ、ほかの章や巻末の参考文献なども参照していただきながら、勉強を進めてみてください。

第2章

脱炭素(カーボンニュートラル)社会の実現に向けて

福嶋慶三

Chapter contents

Objective

本章では、2050 年に温室効果ガスの排出実質ゼロ（カーボンニュートラル）や、GX（グリーントランスフォーメーション）を目指した動きなどで、最近も非常に活発に議論が行われている、地球温暖化（気候変動[1]）問題について学びます。過去のおよそ 30 年にわたる世界や日本の取り組みを振り返りながら、私たちは今後に向けて、どう行動していけばよいのか、一緒に考えていきましょう。

1　地球温暖化（Global warming）と気候変動（Climate change）は、通常、同じ意味合いで使われています。本書でも、どちらの言葉が使われていても、同じ意味を指しているとご理解ください。

（気候変動の影響により）人々は苦しみ、死に瀕し、生態系は崩壊しつつあります。私たちは、大量絶滅の始まりにいるのです。それなのに、あなた方（大人）が話すことは、お金のことや、永遠に続く経済成長というおとぎ話ばかり。よく、そんなことが言えたものですね！

（筆者訳）

これは、2019年9月にニューヨークの国連本部で開かれた気候行動サミットで行われた、スウェーデン出身のグレタ・トゥーンベリさん（当時16歳）の演説の一節です。WEB上にも動画や邦訳が沢山ありますので、ご自身でも、ご覧になることができます。

私たちも、ニュースや報道で、あるいは日常生活でも「地球温暖化」や「気候変動」という言葉をよく耳にするようになったと思います。たとえば、世界各地で頻発する山火事や、ハリケーンなどの気象災害。あるいは、日本でも最近の夏は、猛暑日と言われる気温35℃を超える日が多くなり、埼玉県熊谷市や静岡県浜松市では、41℃を超える気温を記録したことも記憶に新しいと思います。実際に、熱中症で救急搬送される方や、亡くなる方の数も増えています。

こういった、気候変動の影響ではないかと思われる事象が世界各地や日本でも顕著となりつつあります。それに対して、冒頭のグレタさんは、若い世代を代表して、世界の指導者や大人たちに対して、気候変動対策の遅れを、危機感として表明しているのです。

そこで本章では、地球温暖化（気候変動）問題について、まずはそのメカニズムや影響といった基礎的なところからおさらいをします。次に、これまでの過去のおよそ30年にわたる世界や日本の取り組みを振り返ります。そして最後に、では、私たちは今後に向けて、どう行動していけばよいのか、一緒に考えていきたいと思います。

1　地球温暖化（気候変動）問題の科学

地球温暖化のメカニズムは、図2-1で表したように考えられています。

すなわち、地球の表面を覆う温室効果ガス（二酸化炭素など）の濃度が増加し、地球の表面に降り注ぐ太陽光が宇宙へ逃げにくくなってしまい、結果として地球が温められるという現象です。近年は毎年約2ppmずつ濃度が増加し、産業革命前には約280ppmであったものが、すでに400ppmを超えている状態です（図2-2）。

世界各国の科学者たちで構成されるIPCC（国連気候変動に関する政府間パネル［Intergovernmental Panel on Climate Change］が発表した最近のレポート（第６次評価報告書）では、「人間の影響が大気、海洋及び陸域を温暖化させてきたことには疑う余地がない。大気、海洋、雪氷圏及び生物圏において、広範囲かつ急速な変化が現れている」と強い調子で断定しています。

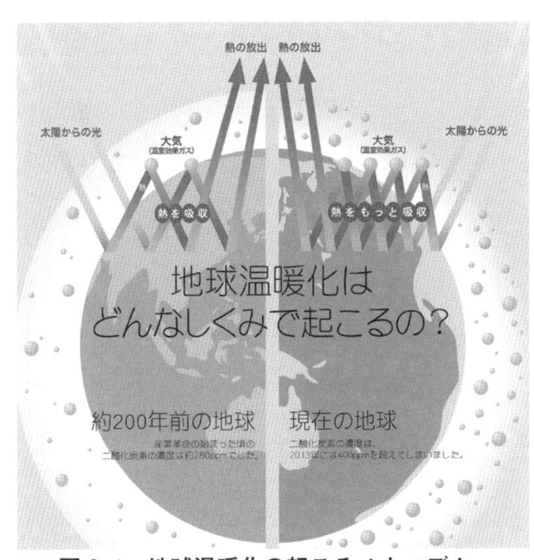

図2-1　地球温暖化の起こるメカニズム
出典：全国地球温暖化防止活動推進センターホームページ
（http://www.jccca.org/）

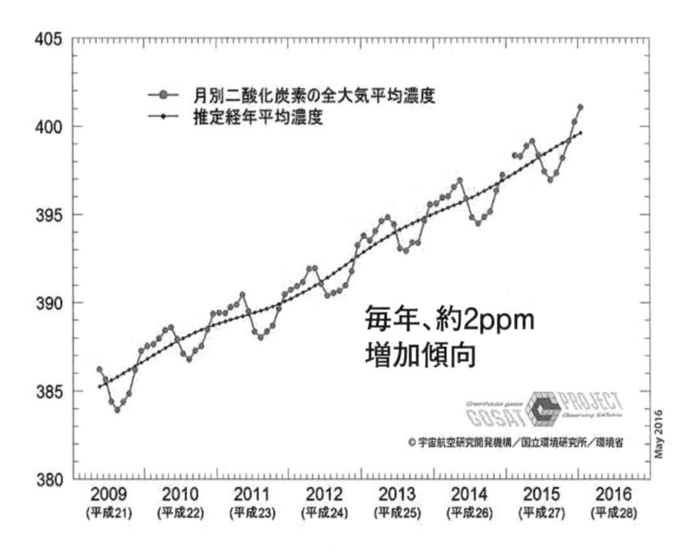

図 2-2　全球大気平均 CO_2 濃度
出典：環境省資料

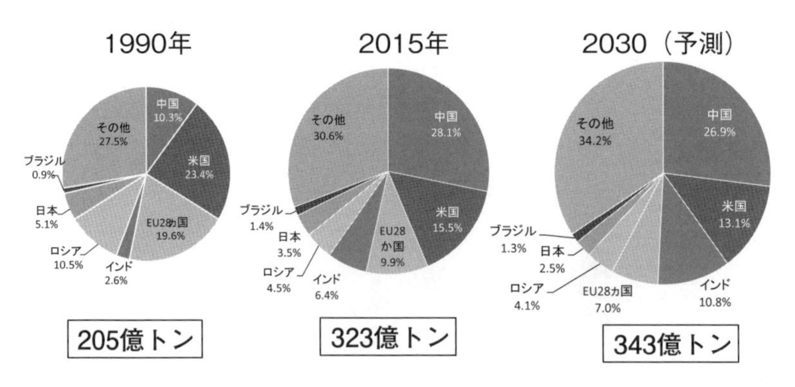

図 2-3　世界の二酸化炭素排出量の推移
出典：IEA「CO_2 emissions from fuel combustion 2017」「World Energy Outlook (2017 Edition)」に基づいて環境省作成
※ 2030 年は New Policies Scenario（実施中の政策施策に加え、現在発表済みのコミットメントや計画も考慮したシナリオ）の値。
※イギリスは EU28 カ国に含む。

それでは、どういった国からの温室効果ガスの排出量が多いのでしょうか。世界の二酸化炭素排出量のデータを見てみると、今から約30年前の1990年は、米国からの排出が1位。その後、経済発展による影響で中国が1位となり、また、今後も開発途上国を中心に排出量の増加が見込まれています（図2-3）。なお、より詳細に国別や人口別に二酸化炭素の排出量を見たデータは、次のとおりとなります（図2-4、図2-5）。

次に、このまま地球の温暖化が進むとどういった影響があると考えられるか見てみましょう。IPCCの発表によると、世界の平均気温は産業革命以降すでに約1℃ほど上昇していると言われており（図2-6）、そして2100年までに最悪のシナリオでは5℃以上も上がる可能性があると予測されています（図2-7）。予測に約1-5℃と幅があるのは、世界の人々が今後どのような行動をとるかで、シミュレーションの結果が変わってくるためです。すなわち、このまま十分な温暖化対策が取られないと、気温の上昇幅は大きくなり、逆にしっかりとした対策を行うことで、気温の上昇幅を抑えることができると考えられています。

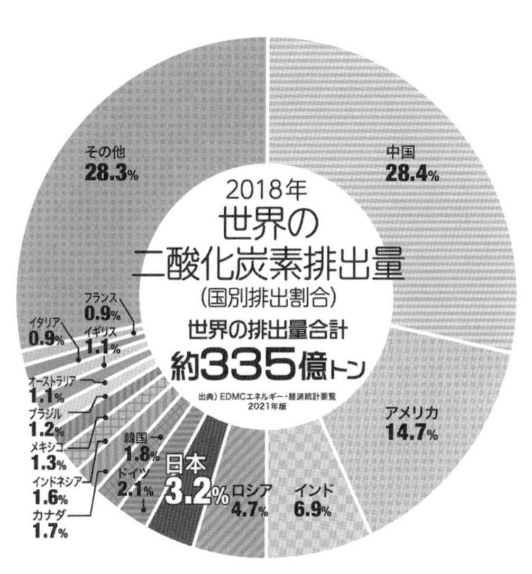

図2-4　世界の二酸化炭素排出量（国別割合）
出典：EDMC／エネルギー・経済統計要覧2021年版

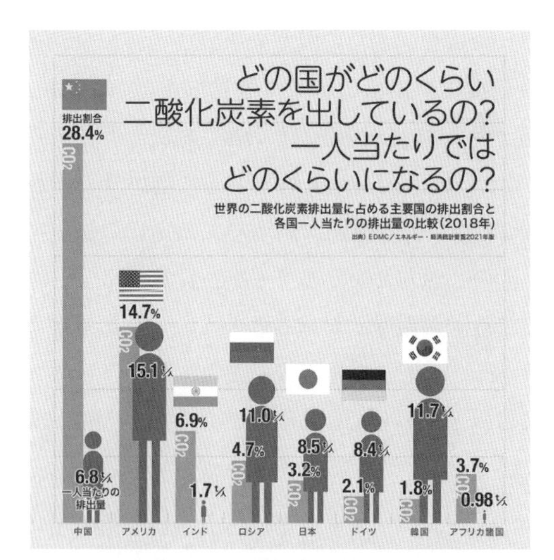

図 2-5　世界の二酸化炭素排出量（国・1 人当たり）
出典：EDMC ／エネルギー・経済統計要覧 2021 年版

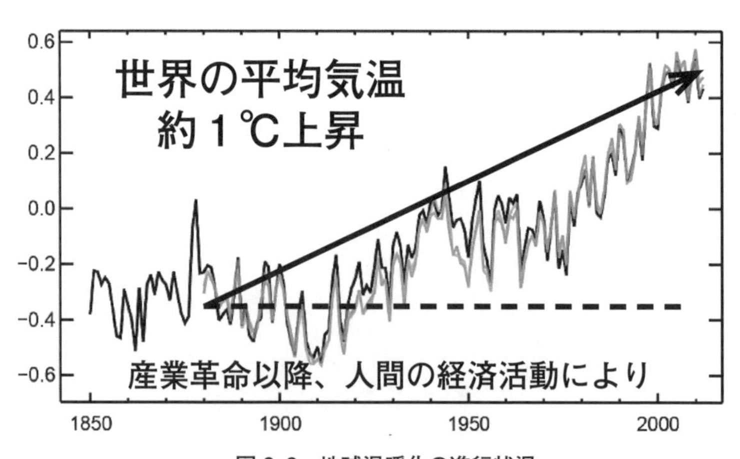

図 2-6　地球温暖化の進行状況
出典：IPCC 第 5 次評価報告書より環境省作成

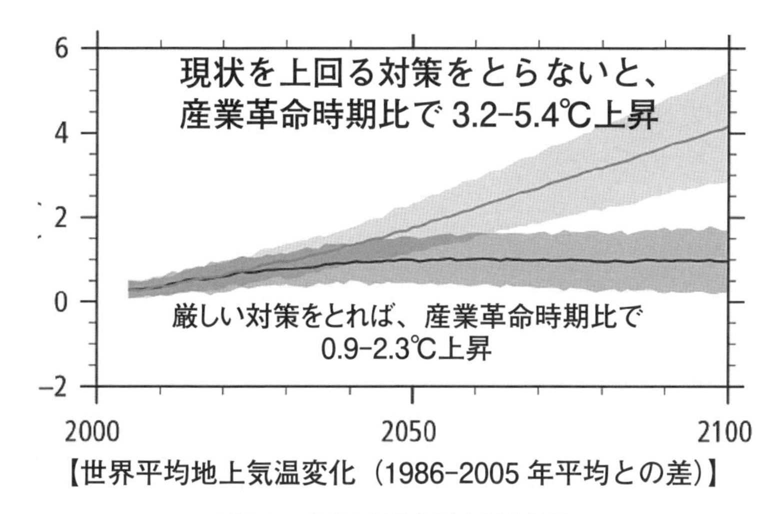

図 2-7 世界の平均気温上昇の予測
出典：IPCC 第5次評価報告書より環境省作成

図 2-8 は、平均気温の上昇幅に応じて、どういった分野でどのような影響が起こるのかをイメージで表したものです。温度が高くなるほど、インパクトが大きくなることがわかると思います。たとえば食料で見ますと、1-2℃程度の気温の上昇であれば、寒冷な国々など中高緯度地域では一部の穀物の増産も見られますが、4℃や5℃の上昇になると、世界の多くの地域で食糧生産は打撃を受けると予測されています。また、生態系では、1-2℃程度の気温の上昇であれば、サンゴの白化の増加などの影響ですが、4℃や5℃の上昇になると、地球規模で 40% 以上の種の絶滅が予測されています。そのほか、気温の上昇に応じて、台風や大雨、高潮などの気象災害によるダメージが大きくなったり、熱中症や感染症などの増加などが予測されています。

実際に世界のあちこちで、気候変動の影響と思われるような山火事や干ばつ、ハリケーンなどが報告されているのは、皆さんもご承知のとおりです。[2]

---

2 国連 WEB 動画 第1章「気候と私たちの惑星」
https://www.un.org/sustainabledevelopment/sustainable-development-goals/

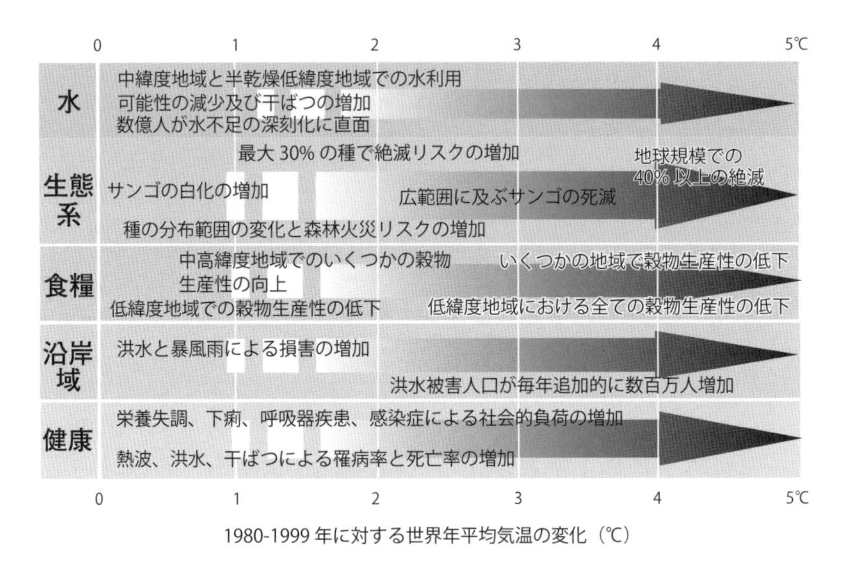

図2-8　気温上昇の程度による様々な分野への影響
出典：IPCC第4次評価報告書より環境省作成

2　地球温暖化（気候変動）対策の歴史

次に、これまでの世界の温暖化問題への対応を見ていきましょう。

温暖化問題が、科学者たちのあいだで初めて世界的に議論をされるようになったのは、1985年10月にオーストリアで開かれたフィラハ会議だと言われています。その後、科学者に加えて政策決定者も交えた議論が断続的に行われ、1992年5月に気候変動枠組条約が国連で採択されました。そして、同年6月にリオ・デ・ジャネイロで開かれた地球サミットで各国の条約への署名が開始され、ここから、人類の長きにわたる地球温暖化との戦いが本格的に始まったのです。

(1) 気候変動枠組条約

気候変動枠組条約では、その目的を「気候系に対して危険な人為的干渉を及ぼすこととならない水準において大気中の温室効果ガスの濃度を安定化させること」としています。これは、次の図2-9のようなイメージで考えるとわかりやすいと思います。すなわち蛇口から出る水を二酸化炭素などの排出量、排水溝から出る水を森林や海などによる吸収量と考え、その量をイコールとすることで、水がめのなかの水位をできるだけあげないようにする、すなわち大気中の温室効果ガスの濃度を安定化させる、ということです。そしてそれを、危険のない水準、すなわち、水がめから水がこぼれるか、こぼれないかといったギリギリではなく、かつ、なるべく早く安定化させるべき、としています。

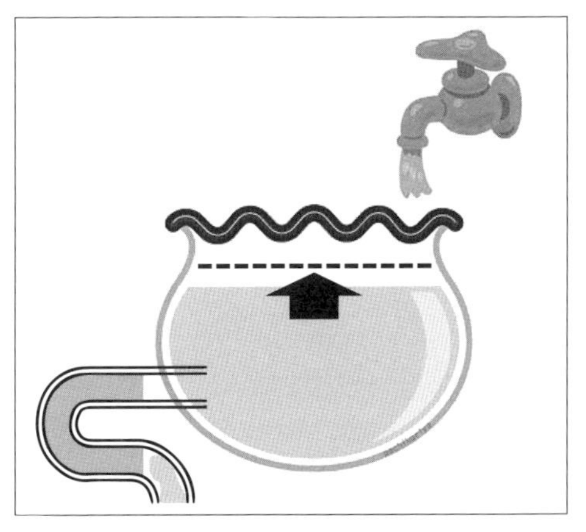

図2-9　気候変動枠組条約の目的のイメージ
出典：環境省資料より筆者作成

この目的を達成するため、条約ではいくつかの原則を定めています。そのなかの重要なものの一つが「共通だが差異ある原則」と言われるものです。これは、どの国の人でも、地球上に住む以上、同じ地球に住む住人として、同じく責任を有していますが、その責任の程度には差があること。すなわち、産業革命以降の温暖化については先進国により責任があること、また、豊かな先進国の方が実際の対応力についても大きいことから、率先して先進国が対策を行うべきというものです。

200近い世界の国々が参加をする気候変動枠組条約ですが、温室効果ガスの削減目標については、1999年末までに1990年の水準に戻すこととされましたが、これはあくまで努力目標にとどまり、また各国ごとの数値目標が決められたわけでもありませんでした。各国の温暖化対策をさらに強く促していくためには、より具体的な各国ごとの具体的な削減数値目標が必要という状況でした。

(2) 京都議定書

そこで、1997年12月、京都で国連気候変動枠組条約締約国会議第3回会合（COP 3）いわゆる京都会議が開催され、そこで誕生したのが京都議定書です。

ちなみに筆者は京都出身で、当時は大学の3回生でした。当時、様々な大学の学生が一緒にサークルを作ったりして、温暖化問題についての勉強会をしたり、活動をして、この京都会議の成功に向け、盛り上がっていたのをよく覚えています。

さて、京都議定書誕生の裏では、特に各国の削減数値目標をめぐる交渉過程で、様々なドラマもあったのですが、結果的に採択された議定書の概要は次のようなものでした。

期間は2008年から2012年の5年間（第一約束期間[3]）。その間、先進国は各国ごとに定められた削減目標を達成する義務を負うこと。

たとえば、それぞれ1990年の排出水準に比べて、EUは8%、米国は7%、日本は6%を削減すること（第一約束期間の5年間の平均で）というような感じです。

ただし、この後、米国は民主党から共和党への政権交代があり、京都議定書を批准することはなく、事実上、京都議定書からは離脱してしまうことになります。そのため、京都議定書が実際に発効するのは、ロシアが批准する2005年の12月を待つことになりました[4]。

その後、京都議定書は無事に発効したものの、世界全体を見渡すと、これまでの先進国の排出量よりも、今後は、途上国の経済発展を原因とする排出増への対応が課題と考えられました。そこで、先進国だけでなく、途上国も具体的な削減目標を持つための国際枠組みについて、交渉が続けら

3　ちなみに、京都議定書の第二約束期間は2013年から2020年。2012年11月にドーハで開かれたCOP18で採択されたドーハ気候ゲートウェイにより設定。ただし、日本は第二約束期間には参加しませんでした。

4　条約や議定書などの国際約束は採択されても、実際に効力を持つ（発効する）ためには、国際約束ごとに定められた発効要件（多くは批准した国の数など）を充たす必要があります。

れましたが、2009年に開かれたコペンハーゲン会議では、わずか4カ国の反対で合意には至りませんでした。その後も粘り強く交渉を続けた各国は、2015年のパリ会議を迎えることになります。

(3) パリ協定

2015年11月にパリで開かれた国連気候変動枠組条約締約国会議第21回会合（COP21）では、ついに、パリ協定が採択されました。これは、京都議定書に続く，2020年以降の温室効果ガス排出削減のための新たな国際枠組みとして、歴史上はじめて、先進国も途上国もすべての国が参加し、排出削減に向けて努力するものです。京都議定書を定める際は、各国の削減数値目標については交渉によって決められたのですが、パリ協定では、各国の削減数値目標は基本的に各国が自ら定めて、国連に提出するという方法をとりました。そのほかの主な概要は次のとおりです。

- 世界共通の長期目標として、気温の上昇幅を2℃以内に抑える目標の設定。さらに、1.5℃以内の上昇に抑える努力を追求すること
- 主要排出国を含むすべての国が、各国が定めた削減数値目標を5年ごとに提出・更新すること
- 5年ごとに世界全体としての実施状況を検討する仕組みを設けること（グローバル・ストックテイク）

世界の地球温暖化対策はパリ協定の実現により、新しいステージにたどり着きました。ただし、問題がないわけではありません。各国が提出をしたそれぞれの目標数値を足し合わせても、気温の上昇幅を1.5℃や2℃以内に抑えるためには、まだまだ不十分なのです。そこで、本章の冒頭でも取り上げたように、グレタさんが演説を行ったわけです。

そして、日本をはじめとする各国は、目標数値を上積みし、さらなる削減対策を講じようとしています。それでは次に、日本の取り組みを見てみましょう。

3　日本の取り組み

日本ではこれまで、地球温暖化対策推進法に基づく地球温暖化対策計画を策定し、取り組みを進めてきました。まず、政府としては地球温暖化対策税の導入や、太陽光や風力発電を普及させるため、再生可能エネルギー由来電力の固定価格買取制度（FIT）の導入などを行いました。また、自治体や企業なども、それぞれにできる削減努力や省エネ努力などを行い、排出削減を進めています。

日本の部門別排出割合を見ると（図2-10）、産業部門からの排出量が最も多く、ついで運輸部門、その次にオフィスビルやコンビニエンスストアなどの業務部門、ついで家庭部門となっています。傾向としては、産業部門は漸減していますが、単身世帯の増加とともに家庭部門や業務部門が増加傾向となっています。

2020年10月には、日本としても2050年に温室効果ガス排出の実質ゼロを目標とするカーボンニュートラル宣言を行いました。同年の11月には、国会の衆議院・参議院の両院で、気候非常事態宣言が決議。その後、政府は2021年4月に、2030年には46％以上の排出削減（2013年度比）を目指す中期目標を表明（元は26％削減であり、20％の上積み）（図2-11）。

また、同年6月には地方からの取り組みを強化するため「地域脱炭素ロードマップ」を策定。自治体とも協力して、さらに対策を進めています。2023年1月末現在で、2050年に実質カーボンゼロを宣言した自治体の数は831となっています。とりわけ、2050年を待たずに、2030年にゼロカーボンのモデルとなるエリアを目指す「脱炭素先行地域」については、2022年11月1日現在、全国で46件が選定されています（図2-12）。

さらに2023年2月、政府は「GX（グリーントランスフォーメーション）実現に向けた基本方針」を決定し、向こう10年間で官民合わせて150兆円の脱炭素投資や、カーボンプライシング（排出量取引および炭素税）の導入を進めることとしています。

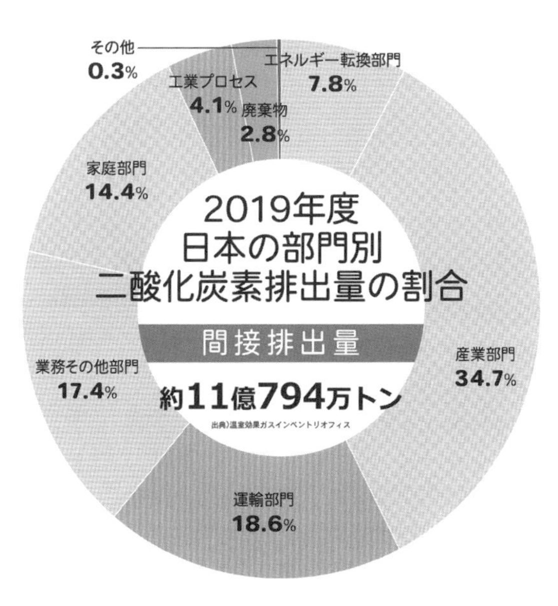

図 2-10　日本の二酸化炭素排出量の部門別割合

出典：温室効果ガスインベントリオフィス

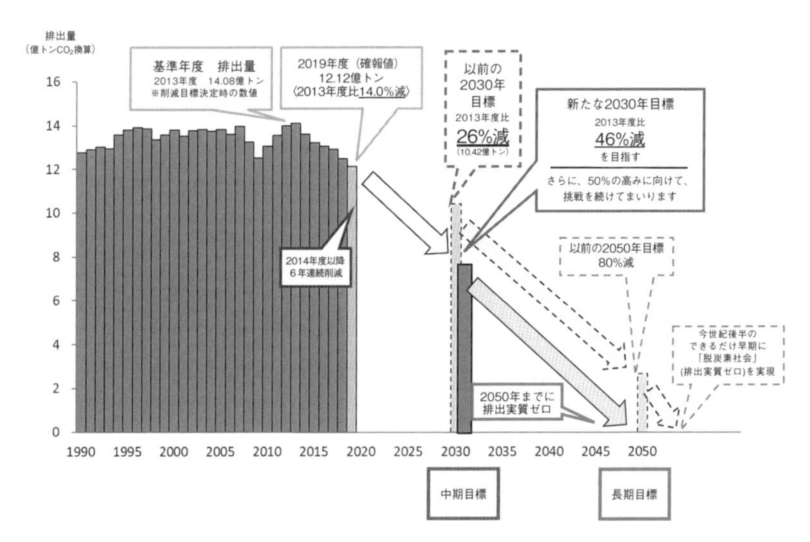

図 2-11　日本の中期（2030）・長期（2050）目標

出典：「2019 年度の温室効果ガス排出量（確報値）」および「地球温暖化対策計画」から環境省作成

「脱炭素先行地域」とは、民生部門（家庭部門及び業務その他部門）の電力消費に伴う CO_2 排出の実質ゼロを実現し、運輸部門や熱利用等も含めてその他の温室効果ガス排出削減も地域特性に応じて実施する地域。2022 年 4 月に第 1 回（26 件）、11 月に第 2 回（20 件）の選定を実施。今後も、2025 年までに 100 箇所以上を選定するべく年 2 回程度、選定予定。

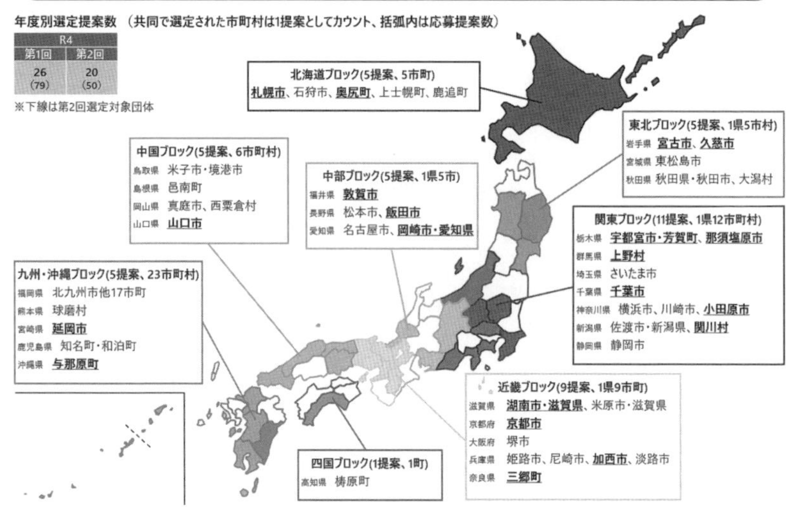

図 2-12　脱炭素先行地域
出典：環境省資料

一方で、温室効果ガス削減の取り組みと合わせて、今や実際に顕在化しつつある気候変動の影響に対しても、うまく対応していくことが必要です。そこで、2018 年には気候変動適応法が成立。台風などの災害や近年増加が懸念されるゲリラ豪雨などへの対応、高温にも強い農作物の品種改良、熱中症対策などが進められています。特に 2018 年、19 年、20 年の 3 か年で、毎年 1000 人以上の死亡者を出した熱中症対策については、気象庁と環境省が協力して、熱中症の危険性が非常に高いと予測される日に「熱中症警戒アラート[5]」を発出して、国民への警戒を呼びかけています。

5　熱中症警戒アラートは、テレビやラジオのニュースなどでも確認できますが、以下 URL から登録することで、個人でもメールや LINE などでの受信が可能です。
https：//www.wbgt.env.go.jp/alert_lp.php

4　私たちにできること

ここまで、世界や日本の取り組みなどを見てきました。何か壮大な話のような気がするかもしれませんが、それでは、私たち一人ひとりにできることは、どんなことがあるのでしょうか。まず、日常生活を思い浮かべてみましょう。誰しも、朝起きれば、顔を洗い歯を磨くと思いますが、水道の水を出しっぱなしにしていませんか？　そのほか、使わない電気をこま

表 2-1　ゼロカーボンアクション 30

1. 電気等のエネルギーの節約や転換	4. 食関係
(1) 再エネ電気への切り替え	(17) 食事を食べ残さない
(2) クールビス・ウォームビズ	(18) 買い物や保存等での食品ロス削減
(3) 節電	(19) 旬の食材、地元の食材で作った菜食を取り入れた健康な食生活
(4) 節水	(20) 自宅でコンポスト
(5) 省エネ家電の導入	5. 衣類、ファッション関係
(6) 宅配サービスをできるだけ一回で受け取る	(21) 今持っている服を長く大切に着る
(7) 消費エネルギーの見える化	(22) 長く着れる服をじっくり選ぶ
2. 住居関係	(23) 環境に配慮した服を選ぶ
(8) 太陽光パネルの設置	6. ごみを減らす
(9) ZEH（ゼッチ）	(24) マイバッグ・ボトル・箸・ストロー等使用
(10) 省エネリフォーム	(25) 修理や補修をする
(11) 蓄電池（車載の蓄電池）・蓄エネ給湯器の導入・設置	(26) フリマ・シェアリング
(12) 暮らしに木を取り入れる	(27) ごみの分別処理
(13) 分譲も賃貸も省エネ物件を選択	7. 買い物・投資
(14) 働き方の工夫	(28) 脱炭素型の製品・サービスの選択
3. 移動関係	(29) 個人の ESG 投資
(15) スマートムーブ	8. 環境活動
(16) ゼロカーボン・ドライブ	(30) 植林やごみ拾い等の活動

出典：環境省資料

めに消して節電したり、あるいは出かける際には、水筒やマイタンブラー、エコバッグを持つ人も増えています。また、買い物の際は、たとえば食品ロスを出さないようにするために、すぐ食べるものはお店の陳列の手前（消費期限の早いもの）から取るようにすることなども一案です。

このように、電気を節約したり、ゴミを減らしたりすることは、発電やゴミを焼却する際に出る二酸化炭素の量を減らすことにつながります。ぜひ、表2-1にあるゼロカーボンアクション30も参考にしてみてください。なお、2021年6月には、文部科学省と環境省の連名で、気候変動問題をはじめとした地球環境問題に関する教育の充実について、という通知が各都道府県や教育委員会宛に出されており、国民一人ひとりのライフスタイルを脱炭素型へと転換していくことの重要性が明記されています。

また、自分たちだけの取り組みにとどまらず、他の人や社会に対する働きかけを行なっている若者たちもいます。たとえば、Climate Youth for Japan（CYJ）という、大学横断のインカレサークルでは、気候変動問題に対する提言を国に対して行っていたり、実際の国際会議にも参加するなどの活動をしています（コラム「気候変動に関する若者の活動例 Climate Youth Japan（CYJ）」）。そのほかにも、本章冒頭のグレタさんの活動に触発され、世界中で毎週金曜日に気候変動問題へのアクションを行う Fridays for Future という活動もあり、日本でも Fridays for Future Japanとして活動しています[6]。さらに、日本版気候若者会議として、100人以上の若者が参加し、2021年5月から8月まで、ほぼ毎週議論を積み重ね、気候変動対策に関する政策提言を取りまとめ、70項目に及ぶ具体的な施策を発表しています。提言は記者発表され、与野党や関係省庁にも手わたされています。このように、若者たちの活動の輪も拡がっています。

こういった個々人でもできること、そして仲間と一緒にできることなどを参考にしていただき、自分たちには、どのような行動や活動ができるかを考えたり、周囲の人たちと話し合ってみてはいかがでしょうか。その際

6　Fridays for Future Japanは全国で活動しています。詳しくはこちらのウェブサイトでご確認ください。https：//fridaysforfuture.jp/

の大事なキーワードは「続けられる」ことだと、筆者は考えています。誰しも楽しいことは続けられますが、苦しいことはなかなか続けられません。楽しみながら、学べる、取り組める、そんな方法を探して、試してみるのもよいかもしれません（コラム「楽しみながら学べる、取り組める例「2050カーボンニュートラル」「脱炭素まちづくりカレッジ」」）。

Column 気候変動に関する若者の活動例 Climate Youth Japan（CYJ）

Climate Youth Japan（CYJ）は2010年のCOP（気候変動枠組条約締約国会議）15に参加した日本のユースによって設立された若者中心のNGOです。ビジョンとして「ユースが気候変動問題を解決へ導くことで、衡平（こうへい）で持続可能な社会を実現する」ことを掲げ、パリ協定の1.5℃目標達成を念頭に、若者の環境問題への意識向上と政策への意見反映を目指しています。

CYJは10年間にわたってCOPへの若者派遣を継続し、関係省庁などとの連携を強めてきました。現在、パブリックコメントや省庁との意見交換会を通した政策提言、再エネや脱プラ、菜食などを広めるためのイベント開催など、幅広く活動しています。

Climate Youth Japan

CYJのロゴ
出典：CYJ

ここでは、活動の一環として参加した、2020年6月「コロナ後の経済社会の再設計」と題して環境省で開かれた環境大臣とユース団体との意見交換会について、紹介させていただきます。

意見交換会では、ユース団体から提言書を提出し、そのなかでCYJは、コロナ危機と気候危機を同時に解決するグリーンリカバリー政策の主流化を求めるにあたって、主に以下の内容について提言を行いました。

・1.5℃目標とのギャップを埋めるグリーンリカバリーとしてのNDC数値目標の引き上げ
・再エネ拡大を主としたエネルギーミックスの抜本的見直し
・省エネ政策における熱の有効活用の重点化
・コロナ危機による行動変容を踏まえた対策としての移動交通再考

・将来世代の声／国民的議論の政策反映のための新たな政策決定手法の提案

これらの趣旨について説明をした後、小泉環境大臣（当時）との自由討議を行いました。

その後、2021年10月に、政府は2030年の温室効果ガスの削減目標やエネルギーミックスにおける再生可能エネルギーの割合を上方修正した、温暖化対策計画やエネルギー基本計画を閣議決定しました。

しかし、1.5°C目標達成のためには、いまだその取り組みは不十分です。引き続き、若者だからこそできる様々な活動を続けています。

Column　楽しみながら学べる、取り組める例

「2050カーボンニュートラル」「脱炭素まちづくりカレッジ」

たとえば、株式会社プロジェクトデザイン（代表　福井信英）の制作した「2050カーボンニュートラル」というカードゲームでは、参加者が政府や電力会社、食品メーカー、金融機関、商社などといった役割を演じながら、日本が脱炭素社会を実現できるかどうか、ゲームを通して体験し、楽しみながら、カーボンニュートラルについて学ぶことができます。

カードゲーム実施の様子

出典：株式会社プロジェクトデザイン提供

https://www.projectdesign.co.jp/2050-carbon-neutral/

また、特定非営利活動法人イシュープラスデザイン（代表　筧裕介）が運営する「脱炭素まちづくりカレッジ」というワークショップでは、一人ひとりの排出する二酸化炭素にも着目しながら、どうすれば排出量を減らしていくことができるか、といったことを参加者で楽しくゲームやワークを通して、考えていくことができます。

https://issueplusdesign.jp/climatechange/college/

こういったツールなども活用することで、みんなで楽しみながら学ぶ、取り組む、といったことを実践することができます。体験会は全国で開催されているので、ぜひ一度、体験してみてはいかがでしょうか。

第3章

生態系と自然資本、そして私たちとのつながり

大気・水・土壌・生物多様性

加納　隆

Chapter contents

Objective

サステナブル（持続可能）という言葉がよく聞かれます。

その際、会社、社会、国、世界、地球などどのレイヤ（階層）で話をしているかを考える必要があります。そしてそれぞれのレイヤは密接に関連しており、意図せぬ影響を別のレイヤに及ぼしているのです。企業にとって仮に持続可能（利益が上がる）でも、他のレイヤ（たとえば、熱帯雨林）に悪影響を及ぼす場合、真の持続可能とはいえません。

気候変動／気候危機や、生物多様性、マイクロプラスチック、食品ロス、脱炭素など、様々なワードが飛び交うなか、状況を把握するには言葉の分類と関係性／影響度をイメージすることが大切です。

また、企業経営を語るうえでもダイバーシティ（多様性）という言葉が使われています。

気候変動、SDGsに加えコロナ禍にあるこの時代に、古い常識が通用

しなくなった今、なぜダイバーシティが叫ばれるのかを、生物多様性から考えます。

企業はサステナブルな時代に合った価値の創造や見直しが求められ、マルチステークホルダを意識した様々な側面から評価されます。

自然環境が21世紀の現在でも私たちの生活、経済、社会の基盤であることについて考えます。

私たちは自然の仕組みから、空気、水、食べ物を得ています。そして、自然からお金を請求されることはありません。しかし残念ながら、自然環境は廃棄物、乱獲、土地転換、気候変動等により著しく疲弊しており、私たちの子どもや孫の時代まで、今の生活が継続できるかが危惧されています。森林火災、水害、猛暑、酷暑ほかの災害は自然環境からのメッセージであり、その深刻な状況を将来に持ち越すことはできなくなってきました。

経済、社会の土台である自然環境もサステナブルであることが必要です。

図3-1にあるように、SDGsでも「農産物、畜産物、水産物、木材、鉱物、化学燃料」を生産する「経済」活動、幸せな「社会」を築く土台となるものが「植物、動物、森林、海洋、土壌、水、大気」といった「自然環境」である位置づけになっています。

Goal 6（安全な水とトイレを世界中に）、Goal 13（気候変動に具体的な対策を）、Goal 14（海の豊かさを守ろう）、Goal 15（陸の豊かさも守ろう）が土台となっています。

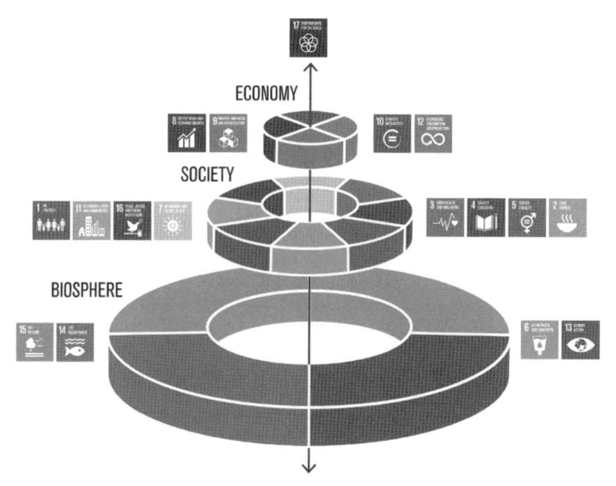

「経済」活動は、土台となる「自然環境」、幸せな「社会」を築くための手段

図3-1　SDGs ウェディングケーキモデル
出典：Stockholm University Stockholm Resilience Center WEB サイトより

1　自然環境の疲弊

まず、基盤である自然環境が疲弊し続けていることについて考えます。

(1) エコロジカルフットプリント

人間の活動が地球環境に与えている負荷を計る指標のことです。

日本の生活レベルを世界中の人々が行うと、地球2.5個分の資源が必要です。EUの生活レベルだと、2.7個分、アメリカの生活レベルだと5.4個分必要です。

でも、地球はたった一つしかありません。

(2) プラネタリーバウンダリー（地球の限界）

スウェーデンの環境学者、ヨハン・ロックストロームによる概念で、地球の仕組みをフレームワークで表しています。「人類が生存できる限界」でもあります。

気候変動、絶滅の速度、成層圏オゾン層の破壊他で構成され危機的状態にあるものを表します。その危機的状態を通過してしまった後には取り返しがつかない「不可逆的かつ急激な環境変化」の危険性があると定義しています。

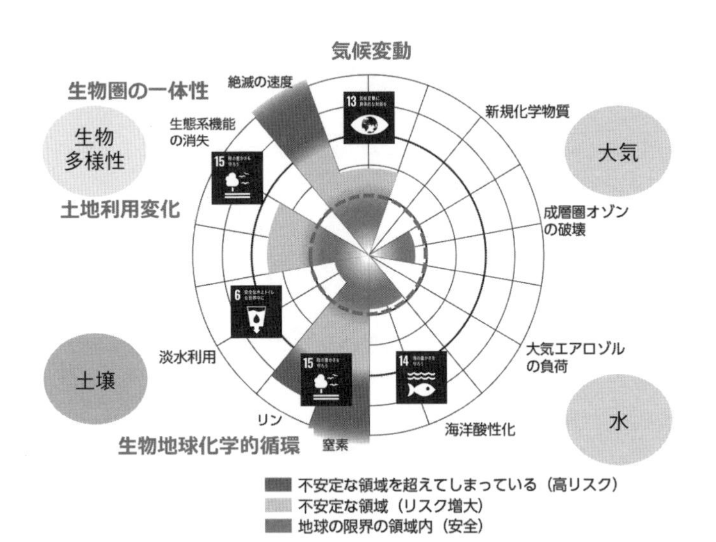

図 3-2　プラネタリーバウンダリー
出典：環境省『平成 29 年版　環境白書・循環型社会白書・生物多様性白書』2017、プラネタリバウンダリー図を元にSDGs アイコン他を追加し作成。

生物の絶滅の速度、土壌におけるリン、窒素の状態は、すでに不安定な領域を超えていて、早急な対応が望まれています。

また、新規化学物質など色がついていないものは、リスクがない訳ではなく、計測できていないことを表しています。

2　地球の仕組みとヒトの影響、ヒトへの影響

次に、プラネタリーバウンダリーの項目を、1. 大気、2. 水、3. 土壌、4. 生物多様性で分類し、それぞれの項目がどのような役割を持ち、どのような状態にあるか考えます。

(1) 大気

大気が引力によって保たれている気体の層を大気圏といい、熱圏、中間圏、成層圏、対流圏から構成されています。気圏は、120km と薄く、卵を地球に置き換えてみると薄い膜のような厚さでしかありません。

熱圏では太陽からの X 線や紫外線を吸収し、成層圏では紫外線を吸収します。 多くの隕石が大気圏の圧縮断熱で燃え尽きます。

大気のほとんどがある対流圏は高度 20km の厚さしかなく、私たちは薄い膜のような世界で生きているのです。

大気圏がないと外出するにも、宇宙服が必要になってしまいますね。

地球温暖化の原因となる温室効果ガス（GHG）や、この数年激しさを増す台風など気候変動の起点はここになります。

オゾン層破壊は、原因となるフロンガスを大幅に制限したことで改善することができました。このことから地球規模の問題でも、対策を施すことにより改善できることが判ります。

大気の特徴

- 現在の大気の成分：窒素 78.1%、酸素 20.9%、CO_2 0.04%
- 大気は循環することで気候を和らげ、適度な気温に保つ
- 温室効果により平均気温を約 15℃に維持（もしなければ -20℃）
  （脱炭素と言われ問題になっている GHG ですが、適量を越えたことが問題なのです）

大気循環の駆動力

太陽エネルギーは、地球上の物質の移動や循環の駆動力の源です。赤道付近と北極・南極では同じエネルギーでも太陽光を受ける角度の違いで面積が大きく異なるため、赤道付近は暑く、一方、北極・南極では寒くなります。ちょうど、虫眼鏡で光を集めるとき、面積が広い場合より、狭い方が熱くなることに似ています。この寒暖差により大気の暖かい風が寒い方に向かって流れることで大気の循環が発生します。加えて、地球は地軸が約23.43度傾いて自転しているため、温度が異なる箇所が一定でなく、複雑な気候を生み出します。

私たちは、大気がもたらす気候に、生活、産業（農業、製造業他）、疾病、文化などの大きな影響を受けています。農産物だけでなく、季節に影響を受けるファッション業界は、冬物、夏物、季節の長さに合わせて、販売するタイミング、生産量を調整する必要があります。

リモートセンシング

近年、人工衛星や航空機などに搭載した観測機が普及してきました。それを使い、離れた位置や波長に感度を有するセンサーを利用した観測技術によって自然環境の多くのことがわかってきました。

(2) 水

水は気体、液体、固体の三態を持つ不思議な物質です。

気体状態の蒸気は、CO_2の10倍以上の温室効果があり、固体状態である氷は太陽光を反射します（アルベド効果）。

南極の氷と、赤道の海水ではどちらが太陽光を吸収しますか？

液体の水は自ら循環するだけでなく多くの物質を溶かすことで物質を循環させているのです。生物の場合は栄養分を仲介して身体の隅々に行きわたらせ、老廃物を回収しています。

私たちは毎日最低4ℓの淡水が必要です。もし2、3日水を飲まなければ死んでしまいます。水について考えてみましょう。

私たちが使用できる（淡）水は、海水、淡水全体の0.01％に過ぎません。ちなみに地球上の水の内訳は、海洋（97.5％）、氷雪（1.8％）、地下水（0.7％）で、河川・湖沼等の使える水はわずか0.01％なのです。そのうえ、供給元の一つである高山の雪、氷は温暖化により減り続けています。

炭鉱開発、農業、工業による廃液により水質は低下しています。このため、漁業、飲料水、観光、インフラに大きな影響を与えています。日本ではあまり感じませんが、清潔な水へのアクセスは世界で問題になっており水戦争が起こるのではと言われています。

海水は、地球を繰り返し巡ることにより、地球に水、熱、塩を循環させています。さらに、大量の二酸化炭素を吸収しており生物ポンプと言われます。しかし、地球温暖化により水温が上昇するとCO_2の吸収能力が低下し、海洋酸性化が進んでしまいます。実際に、海洋酸性化が進んだことによって、エビや貝といった炭酸カルシウムの殻を持つ生物のなかには殻が溶けているものが見つかっており、これらの生命に大きな影響を及ぼしています。

また、海は海洋資源の育成の場です。しかし、海洋汚染、魚資源の取り過ぎで疲弊しています。

海洋の大循環の仕組み

海流は地球全体を巡っています。赤道で暖められた海流が、北極、南極で冷やされること、また塩分濃度の差によって、海流が水中深く沈み世界を巡ります（深層循環）。海洋の循環に伴う地球規模の熱の移動により寒暖差を和らげることで、地球全体で見れば、気候が穏やかになります（熱循環）。さらに、様々な物質を循環し浄化しています。食物連鎖もまたこれに依存しています。

地球温暖化による気候変動の仕組み

① 赤道付近と北極、南極では温度差があります。

② 温室効果ガス増加による太陽光を吸収し、気温が上昇します（地球温

暖化）。

③ 北極、南極の氷が溶け、アルベド効果が減り、赤道付近との温度差がさらに少なくなります。

④ 水温の高低差の減少で海底への海流の勢いが弱くなるため、循環による熱移動が少なくなります。

⑤ 寒暖の差を和らげられず、極端な気候が、大型台風や干ばつ、気温上昇、森林火災等の災害を引き起こします（気候変動、気候危機）。

過去１万年程のあいだ、私たちを含めた生物が棲みやすい気温だったのはこの大循環のおかげです。今までの農業、漁業、食品、衣服ほかの製造業、そしてマーケティングのノウハウはこの期間に培われたので。気候変動は経済的にも様々な影響をもたらしています[1]。

Column　気候モデル

地球温暖化の説明に使用される“気候モデル”を作ったのは日本人の眞鍋淑郎さんです。

日本国内にコンピュータがなかった時代に、大気、気圧、雲量、湿度、地表の状態、海流と風を取り込んだ気候モデルを手計算で研究し続けました。1958 年、米国国立気象局（NWS）に招かれ、当時のコンピュータがクラッシュする程の気象データを投入し、5 年を掛けて眞鍋さんと共著者のリチャード・ウェザラルドさんは、人類が大気中に放出する温室効果ガスの増加が地球の気温をどう変え、いかなる深刻な事態を招くかを予測しました。

2021 年、眞鍋さんはノーベル物理学賞を受賞されました。

1　気象庁ホームページ（https://www.data.jma.go.jp/gmd/kaiyou/db/co2/knowledge/index.html）

(3) 土壌

私たちが食べる野菜、牛、豚、養鶏が食べる穀物は土壌から生産されます。良い土壌を作るためには、長年にわたる努力が必要です。土壌について考えてみましょう。

陸地は地球の30%であり、農業に適した土層（有効土層）は、50cmから1mです。淡水の確保と合わせて考えると良い土壌はごくわずかしかありません。

良い土壌は水を浄化して蓄え、根を張らせ、農産物や樹木の生長を支えたり、様々な物質を分解して植物の3大栄養素（窒素(N)、リン(P)、カリウム(K)を供給します。

タンパク質を構成するアミノ酸やDNAを構成する核酸は窒素原子を含むため、窒素は、生物の体に必須の元素です。リンは、DNAの鎖状を形成するのに不可欠な元素です。現在、採掘可能なリン鉱石が減少しており、リンの不足が世界的な課題となっています。昔はヒトの排泄物に多く含まれているリンを肥料として循環させていましたが、河川を通じて河口に流れてしまうことで、富栄養化など水質を著しく低下させています。

気候変動による水害、干ばつは土壌に大きな影響を与えます。一度損なわれた土壌の再生には非常に長い時間がかかります。また、農園や町を作るために原生林を伐採するなどの土地転換は、社会的紛争や飲料水、自然環境の悪化を引き起こして問題視されています。

(4) 生態系と生物多様性

生態系（エコシステム）

生物や無機的（石、砂等）環境との相互関係を通して、生物社会を総合的に捉えたものです（≒「自然環境」）。生物多様性は、豊かな生態系をもたらし、その最大の恩恵を得ているのが私たちです。

空気、食事、薬、プラスチック、スマホ、家具、家や車まであらゆる素材は自然の恵みに由来します。今日の課題への対処方法も自然から生まれてくるでしょう。

生態系サービス（自然の「恵み」）について、国連環境計画（UNEP）により 2001 年から 2005 年に“人間の幸福や福利に生態系や生物多様性がどのように役立っているか”を分析評価されたものが「ミレニアム生態系評価（MA）」です。生態系サービスは四つのサービスに分けられ、今日の産業も 90% 以上はこれらのサービスに分類することができると言われています。

- 供給サービスは、生態系が生産する食料、水、燃料、薬品等であり、生活に必要な資源をもたらします。
- 調節的サービスとは、生態系プロセスの制御により、空気、水、廃棄物の浄化、気候の調整、土壌侵食の制御、受粉媒介等の利益をもたらします。
- 文化的サービスとは、生態系から得られる非物質的利益でリクリエーション、森林浴、創造力や意匠、信仰、教育等をもたらします。
- 基盤的サービスとは、生態系サービスを支える基本的な生態系の機能で、土壌形成　栄養塩循環、一次生産です。

1997 年、科学雑誌ネイチャーによると、生態系サービスの貨幣価値は地球全体で年間少なくとも 16-54 兆ドル（平均値は 33 兆ドル）と見積もられました。

生物多様性（バイオダイバーシティ）

「動植物、菌類にいたるまで様々な生物種の多様性」「異なる個性を含み疫病からの絶滅を防ぐ種内の遺伝子の多様性」「生態系の多様性」からなります。

特に種の多様性が注目される理由は、生物圏における進化を促すため、生命保持機構を維持するため、経済、科学、文化、教育、国際友好と平和を維持するために重要と言われています。

生物多様性は経済的

多様な種のある林と単一種からなる林を比べたところ、多様な種からなる林の方が早く大きく育ちます。これは単一種の場合、光、水、栄養を同じ手段から得ようとして取り合いになるからです。多様な種の場合、資源を有効に使えます。同様に、川や海でも微生物が多いほど有害物質が分解されやすくなります。多様性は効率的であり、そのことは経済的にもプラスであると考えられます。

森林破壊

- 森林破壊を引き起こす主だった製品は、牛肉、パーム油、ココア、ゴム、大豆、木材製品です。
- 熱帯雨林は６秒毎にサッカー場ほどの面積が破壊され、前例のない速度で種が絶滅しています。
- 自然災害の防波堤を失うことになります。
- 河川流量の大幅な低下をもたらします。
- 気温が高い、特に年間平均気温が摂氏 25.4℃を超えると、熱帯樹林の寿命が短くなります。
- 今後、熱帯雨林が炭素を貯蔵する能力が低下する可能性があります。
- 森林破壊は、地域の森林の50％が失われると加速します。

バイオミミクリー（生物模倣技術）

自然界で生きている生物の機能を観察し、機械や道具などに応用することです。

例として、新幹線の形状、痛くない針、マジックテープなどがあります。

新しい技術の手本が生態系にあることは珍しいことではありません。自然破壊は新しい技術の手本を失うことでもあるのです。

生態系のなかでは、私たちが知らない機能や組み合わせが、共存しているのです。

人口増加

- 人類（ホモサピエンス）が誕生したのは、約20万年前です。
- 狩猟生活から、農作物を育てることを発見して定住するようになりました。
- 18世紀から19世紀にかけて、産業革命による輸送機械、医療・農業技術の進歩で人口は増加しました。
- 現在（2021年）、世界の人口は78億人と言われています。
- 2050年には、人口は3割以上（23億人）増えて93億人になると予想されています。
- 増加する23億人を地域別で見ると、アジア（10.6億人）・アフリカ（9.7億人）で約9割を占めるという予測です。
- 第2次大戦後の人口急増は、自然環境の保全、資源・エネルギー問題、食糧問題等の世界が取り組むべき緊急課題の背景になっています。

大量絶滅

私たち人類は、生物種の大量絶滅を引き起こしつつあります（図3-3）。

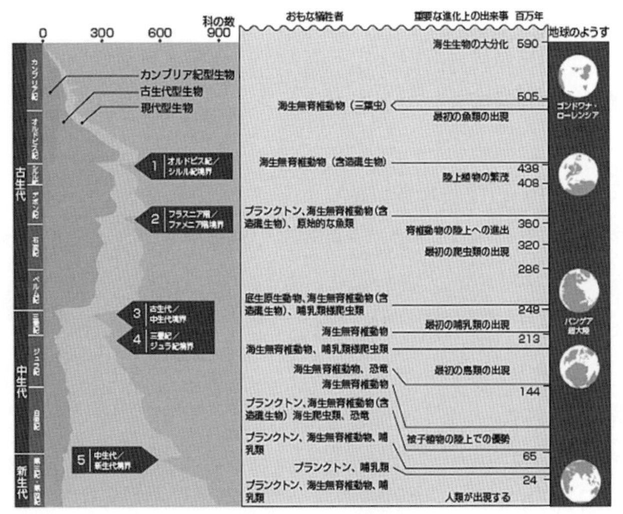

図3-3　大量絶滅

出典：環境省「平成22年版　環境・循環型社会・生物多様性白書」2010

最近100年間の生物種の絶滅速度は過去の1000倍以上です。このまま放置すればその速度は現在の10倍となり、生態系サービスの低下を招くことになります。

原因は、地球温暖化に伴う気温上昇や降水量の変化、開発、森林伐採等の生息環境の変化、乱獲など過度の資源利用、家畜の品種改良、外来種の侵入です。

地球の平均気温が1.4-2.5℃上昇した場合、生物種の20%-30%が絶滅の危機に、4℃上昇した場合は、40%以上が絶滅の危機に瀕します。(レッドリスト[2011] UCN、レッドデータブック[2007]日本)

キーストーン種

個体数が少ないにもかかわらず、捕食行動を通して生態系に大きな影響を与える種のことです(ラッコ、ビーバー、アナウサギ等)。

たとえば、北太平洋のラッコは魚が棲むコンブを維持していましたが、乱獲により絶滅すると、ラッコの餌だったウニが大量発生しコンブを食べ尽くしました。すると、多くの魚が姿を消して種の多様性が低くなってしまいました。

生物濃縮——環境汚染と生物

レイチェル・カーソンは『沈黙の春』で農薬による環境汚染を厳しく指摘しました。これにより環境汚染が広く知られることになります。食物連鎖が進むなか、大きな魚の体内に水中の約16万倍のDDTが濃縮蓄積することがわかりました(第1章参照)。

マイクロプラスチックの問題も同様に考えられます。

自然の回復

劣化した自然環境を回復するには、CO_2を吸収する「植物だったら何でもよい」のではありません。その地域の生態系での一つの役割を果たすことができる種、多くの場合、在来種であることが必要です。自然を回復させることを怠ると経済コストの増加、災害に対する脆弱性をもたらします。

また、自然を回復するよりも、保護する方が費用がかかりません。どちらにしても気候変動対策と同じ緊急性を持って対処する必要があります。

レッスン

読者の皆さん、お寿司は好きですか？ 寿司ネタのマグロとサーモンは好きですか？

マグロ（天然物）は絶滅危惧種です。サーモンは地球温暖化による海水温度の上昇により、2049年には生息地が北へ追いやられ、国産ネタは消滅すると言われています。

皆さんの大好きなメニューを三つ思い出して、その食材がどこから来るか、また、食材に関わる人がどんなことをしているかを考えてみましょう。

気候変動により、どのような影響を受けるか想像してみましょう。

3　生態系と経済との関係

(1) 自然資本

自然環境を“国民の生活や企業の経営を支える資本の一つとして捉える”考え方で、今日、経済界からも注目されています。

生態系の経済学――ダスグプタ・レビュー

「ダスグプタ・レビュー」は、イギリス・ケンブリッジ大学のダスグプタ経済学名誉教授が生態系の価値を生態系サービスの観点から評価したもので、今後の生物多様性と経済への指針となると言われています。その最終報告書が2021年2月に発表されました。

これは、2006年に気候変動に関して公表された「スターン・レビュー[2]」

2　地球温暖化の経済的影響：スターン・レビュー
何の対策も取らずに気候変動が進行して温暖化が続いた場合、世界の年間GDPの5-20%に相当する損失の可能性がある。早急に対策を取り、2050年までにGHGを25%削減した場合、その費用は世界のGDPの1%程度で済むと予測されている。

の生物多様性版ともいえるもので、経済政策にも大きな影響をもたらしています。自然、生態系と経済ほかの位置づけや課題を次のように述べています。

- 私たちの経済、生計、そして幸福はすべて、私たちの最も貴重な資産である“自然”に依存している。
- 生態系がどのように機能しているか、また、生産と消費のために天然資源を採取することや、経済活動に伴い排出される廃棄物などによって、生態系がどのような影響を受けるかについて、生態学の知見にしっかりと基づいたものになっている。
- 経済活動の尺度として、短期的なマクロ経済分析と管理には国内総生産(GDP)が必要。 ただし、GDPは自然環境を含む資産の減価償却を考慮していない。
- 我々は自然と持続的な関係を築くことができなかった。我々の需要は自然が供給できる製品やサービスの許容量を遥かに越えていた。
- 自然との持続不可能な関わりは、現在および将来の世代の繁栄を危険にさらしている。
- 解決策は、単純な真実を理解して受け入れることから始まる。すなわち、経済は自然の外部にあるのではなく、自然のなかに組み込まれている。

同レビューでは解決策として、“成功の考え方、行動、測定方法”の変更を求めています。

- 我々の需要が、自然の供給を超えないようにし、自然の供給を現在のレベルより増加させる。
- 経済的成功の尺度を変更することで、より持続可能な道へと導く。
- 自然は、建物、機械、道路、スキルと同じように、経済と金融の意思決定に参加する必要がある。
- 経済活動の尺度として、短期的なマクロ経済分析と管理には国内総生産(GDP)が必要である。ただし、GDPは自然環境を含む資産の減価償却を考慮していない。したがって、GDPは持続可能でない経済成長と発展を追求することにつながっている。

- これらの変化を可能にし、将来の世代を維持するために、制度とシステム、特に財政と教育システムを変革する。

Column　地球を作ってみた！

1991年「この人工の地球に人間が100年住むことができるのか?」を検証するため、“Biosphere2” という研究施設をアメリカアリゾナ州に2億ドルをかけて建設し、熱帯雨林、海、湿地帯、サバンナを再現、世界各地からの動植物を持ち込みました。そこに“8人”の科学者が滞在し、水、酸素、食料まで自給自足する生活を試みました。しかし、温度上昇、食料不足、酸素不足、人間関係のもつれから2年しか続きませんでした。

“75億人以上”を養っている私たちの地球。今日、火星探査が始まっていますが、地球がどれだけ大事な役割を果たしているか、また、現状では地球以外の他の惑星に移住する選択肢がないことをもう一度よく考えてみましょう。

4　まとめ

世界経済と自然環境を別々に考えることはできません。

皆さんの生活や経済活動が自然環境とどのようにつながっているかを考え続けることが、サステナビリティにつながります。

今日の私たちのように、経験したことがない課題解決に対しては、多様な思考、経験からの発想を持った様々な人材が集まり、さらに、異なる考えの人々とも一緒に課題にアプローチできることが大切になります。皆さんはどんなユニークなアイデアが出せますか？

第4章

サプライチェーンと共有価値

加納　隆

Chapter contents

Objective

まず、身近なTシャツができるまでと捨てられるまでについて考えます。

Tシャツのライフサイクル（作られてから廃棄されるまで）は、畑で綿花を栽培→糸を紡ぐ→染色する→布に加工→Tシャツに加工→販売→（私たちが着る→洗濯）→廃棄、となります。

綿花の栽培には、多くの場合、水や肥料、殺虫剤が必要です。材料や商品の移動や加工には、労働、燃料、電力が必要です。洗濯する際にも、多くの水と電気が必要です。

Tシャツは、皆さんにファッションとしての価値、汗を吸収する価値等を提供します。しかし、アパレル業界は環境への負荷が高いことが問題視されています。

近年、「共有価値の創造」について各企業が発信しています。これらの動向について考えます。

企業の様々な製品／サービス、SDGsへの取り組みについて、どうやって知ることができるでしょうか。

私たちは購入する製品やサービスを通じて自然環境につながっています。何が起きているのか考えてみましょう。

1 企業にとってのサステナビリティ

(1) 企業にとってサステナビリティ（持続可能性）とは

継続して利益を上げるには、製品、サービスを販売し、購入され、顧客、株主から満足を得る必要があります。売り切りではなく継続して顧客から購入、株主に投資してもらうことが必要です。

そして次のようなことが考えられます。

- 顧客が満足する商品／サービスを提供する
- 自社製品の原料が、継続し、安定した価格で入手できる
- 継続して、消費者が自社製品を購入してくれる
- 継続して投資家が自社を評価する
- 変わりつつある社会環境の変化に対応できる
- 世界各国の法令を遵守すること
- 気候がある程度安定し、需要予測による調達、生産が可能なこと
- 調達元、消費者が災害や疫病による被害が少ない社会であること
- 社会的責任を果たしていること ほか

(2) サステナビリティのフレームワーク

サステナビリティの枠組みとモチベーションとして次の三つが挙げられます。

- SDGs（第1章参照）
- パリ協定（第2章参照）
- ローマ教皇の回勅（かいちょく）
  Laudato si'（Sub-title「私たちの共通の家の世話をする」）
  消費主義と無責任な開発を批判し、環境の悪化と地球温暖化を嘆き、世界のすべての人々に「迅速で統一された地球規模の行動」を取るよう呼びかけている。

2　CSV 共通価値の創造（Creating Shared Value）

ハーバード大学マイケル・ポーター教授が論文「共通価値の戦略」で提唱した概念です。

- 企業は、戦略として社会問題や環境問題に配慮することによって、企業の社会的責任（CSR）という枠組みを超えて競争優位を獲得できる。
- 社会的な課題を事業機会として扱うことは、企業戦略における新たな最重要事項であるとともに、社会の進歩を実現する最も力強い方法である。
- 共通価値は、企業の競争優位を強化しつつ、その企業が事業を行う地域社会も豊かにするような施策と実績から生み出される。

（Harvard Business Review 2019 2月号より引用）

※ Shared Value を“共有”価値と訳している場合もあります。

(1) CSR 企業の社会的責任（Corporate Social Responsibility）

企業が利益追求だけではなく寄付や慈善活動を通じて、社会、環境、労働、人権、品質、コンプライアンス（法令遵守）、情報セキュリティ、リスクマネジメントなどに責任を持って取り組む考え方です。

環境、経済、社会のトリプルボトムラインを考慮することが“持続可能な発展”につながると考えられています。なお、組織の社会的責任については、ISO26000（2010 発行）として国際規格化されています。

(2) CSV にいたるビジネスの変化

「大量生産、大量消費、大量廃棄」

「大量生産、大量消費、大量廃棄」が良しとされ、世界の経済は拡大していきます。その結果、公害、自然破壊、格差といった社会問題が浮き彫りになってきます。

アメリカの経済学者ミルトン・フリードマンは「企業の社会的責任は利益追求だけである」（1962 年）と述べています。

「成長の限界（1972）」

スイスのシンクタンク“ローマクラブ”は発表した研究において、「人口増加や環境汚染などの現在の傾向が続けば、100 年以内に地球上の成長は限界に達する」と述べています。

後に 1972 年は「環境元年」と言われます。

「CSR 企業の社会的責任」

“寄付や慈善活動で社会に良いことをする”という市場はありました。しかし、改善され尽くしてしまい、“寄付と慈善事業の範囲で行う”という考えのなかでは新たなニーズの発見は困難になります。その一方、社会課題は多発します。

「ビジネスで課題を解決」

寄付や慈善活動を越えて、本業で課題を解決する時代が到来します。

つまり、「寄付や慈善活動で社会に良いことをする」から、『企業は社会から信頼されるための活動を行う CSR（企業の社会的責任）』にシフトしています。加えて、ビジネス、つまり企業の本業で社会価値を創出する CSV（共有価値の創造）を重要視しています。

3　バリューチェーンとサプライチェーン

(1) バリューチェーン (Value Chain)

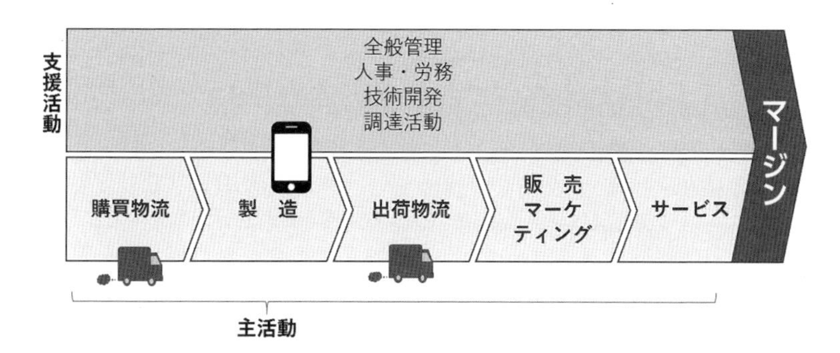

図 4-1　バリューチェーン (Value Chain)
出典：M.E. ポーター著、土岐 坤ほか訳『競争優位の戦略――さらに高業を提供する』1985 をもとに作成

購買 > 製造 > 出荷 > 販売・マーケティング > サービス等の一企業の主活動とその支援活動 (人事、R&D 他) からなります。

規模が大きな企業の場合、どの部署の活動が原材料に対し付加価値追加に貢献しているか、および全体像の把握や同一業界での自社の優位性を把握する際に使用する手法です。

例として、布を加工して T シャツにすることは布から衣服へ価値を追加することになるため、布より高く T シャツを販売することができます。「環境に配慮したブランド」といった付加価値を追加する場合もあります。

(2) サプライチェーン (Supply Chain)

原料 → 材料 → 製品のつながりです。

たとえば、綿花 → 糸、布 → T シャツ → 消費者へのつながりが考えられます。通常、複数の企業をまたいで実施されます。

図 4-2 では、製品の廃棄まで含めています。この図の、「ポジティブイン

図 4-2　サプライチェーン（Supply Chain）
出典：GRI 国連グローバルコンパクト wbcsd「SDGs コンパス」をもとに作成

パクトの強化」とは、再生可能エネルギーでの電力を使用、リサイクル原料を使用など、環境に良い取り組みを増やすことです。「ネガティブインパクトの最小化」とは、廃棄物を減らす、水の使用量を減らすなど、環境に悪い取り組みを減らすことです。

今日、企業は企業内（グループ企業を含む）のバリューチェーンでの価値の適正化のみならず、自社以外の取引先を含むサプライチェーンを通して社会的責任を果たすことが望まれています。つまり、原料生産、仕入先企業における環境破壊、児童労働、不当投棄等が行われていないことを把握することが求められます。

サプライチェーンにおける環境配慮の取り組み

サプライチェーンを①原材料、サプライヤー、調達物流　②生産、販売　③製品の使用、製品の廃棄 の三つのグループに分け、ポジティブインパクトを増やし、ネガティブインパクトを減らす取り組みについて考えます。

①原材料、サプライヤー、調達物流

原料の栽培、狩猟、材料への加工、輸送の際には何が起こるのでしょう。

ポジティブインパクトの強化

- 法令順守：ビジネスを行う国の法令を守る
- 環境に配慮した原料の購入

- 環境アセスメント

ネガティブインパクトの減少

- 森林破壊を防ぐ
- 生物多様性の危機を防ぐ
- 現地住民の生活、労働環境を改善する
- 農薬や、鉱山開発での大気、川の汚染を防ぐ
- 廃棄物、CO_2排出を改善する

②生産、販売

車、スマホ、食品、衣料品などの製造の際には何が起こるのでしょう。

ポジティブインパクトの強化

- 生産工程改善：原料削減、歩留まり改善、省エネにより環境負荷を軽減する
- 減量化：小型化や軽量化によって、輸送量を減らし、CO_2排出を削減する
- リサイクル：再利用することで廃棄物を削減
- 省エネ、再生可能エネルギー：利用比率を上げることでCO_2排出を削減する
- CSR調達：企業が調達先や業務委託先に対してCSRに関する指標や基準を設定し、関連法規の遵守やコンプライアンスを要求すること原材料だけでなく、環境、労働条件の配慮、児童労働がされていないことを含む
- 法令順守：ビジネスを行う国の法令を守る
  RoHS指令：電子・電気機器の特定有害物質の使用制限指令
  REACH規則：化学物質の規制（EU）

ネガティブインパクトの減少

- CO_2排出の削減
- 水使用量の削減
- 有害物質、マイクロプラスティックを削減、別原料に代替する

- 過剰包装をやめる
- 輸送、移動を削減することでCO_2排出を削減
- コスト合理化

③製品の使用、製品の廃棄

私たちが製品を選ぶ際、どのように製品ができたのか、どのように使用するか、捨てるときはどうするかを考えてみましょう。最近は「環境に良い」というフレーズだけで、実は粗悪な製品の場合もある。私たちには何ができますか。

ポジティブインパクトの強化

- 省エネ、再生可能エネルギー：CO_2発生を抑制するエネルギーを使おう
- 低温でも汚れが落ちる：洗浄時に熱い湯を使うとそれだけエネルギーが必要
- 長期間の使用：安くてもすぐ捨てる製品は、結局高くつき、環境負荷も大きい
- 環境ラベル：環境に良いマークを知ろう、そして環境ラベルが付いた製品を選ぼう
- リサイクル：リサイクルに協力しよう、また、古着を再利用しよう
- 値段が安い理由を考えよう

ネガティブインパクトの減少

- 食品ロス：後述
- 使い捨て製品を減らす：マイバッグ、マイ箸、詰め替え製品を使用、持ち帰り用容器を減らす
- 無駄遣い：不要なものを消費しない

(3) "ポジティブインパクトを強化"し、"ネガティブインパクトの最小化"への取り組み

① 環境配慮設計 DfE (Design for Environment)

企画、設計時から各項目を環境負荷の低い製品に改善するため検討します。

企画、開発時は定性的評価を、設計時には定量的評価を行います。

② LCA：ライフサイクルアセスメント

サプライチェーンにおいて、投入する天然資源(金属、石油、石炭、水等)、エネルギー(電気、ガス等)と排出する大気汚染物質(CO_2、NOx、SOx等)、水質汚濁物質(窒素、リン、COD等)、化学物質、廃棄物を定量的に表し評価する手法です(ISO 14040にて規格化)。

③ 環境マネジメントシステム (EMS)

環境方針のもとに計画的に実行し改善する仕組み。"PDCA"サイクルと言われます。

企業、行政などの組織が自主的に環境改善を行います(ISO 14001にて規格化)。

① PLAN(計画) → ② DO(実施および運用) → ③ CHECK(点検および是正処置) → ④ ACTION(経営層による見直し) → ①……へと継続的に改善します。

審査登録機関の審査対象となっています。

④ バリューチェーンからShared Value(共通価値)をもたらす、動機づけ

- 購買行動
- 法整備、アドボカシー
- 投資家、社会の評価
- 社会通念

- SNS他

⑤トレードオフ

何かを得ると何かを失うこと。

例：「児童労働など、安い労働力でのコストダウン」と「ブランドイメージ低下、不買運動」のトレードオフ

環境に配慮した取り組みは、コストが掛かり割高になります。企業の取り組みを見つめ、多少割高になっても購買することでの支援が、環境に配慮した製品の普及につながります。

4　廃棄物

「大量生産、大量消費、大量廃棄」が良しとされていた時代を経て、サステナブルな社会を目指すことが必要です。あなたが捨てようとしているものも、誰かにとっては必要なものかもしれません。また、一時的な利便性から使用し、あっという間にゴミになっているものもあるでしょう。

江戸時代の近郊農家では、作物の発育に良い糞尿を肥料として使っていました。そして糞尿を回収する仕組み（業者）が確立されていました。糞尿の回収は町の衛生状態の向上にも役立ちました。

私たちが捨てたゴミは、どこに行き、誰がどのような作業をしているのでしょうか？

レジ袋削減や食品ロスから災害廃棄物等の廃棄物について考えます。

(1) 産業廃棄物と一般廃棄物

廃棄物は、事業者に処理責任がある産業廃棄物と、市町村に処理責任がある一般廃棄物があります。産業廃棄物は、事業活動に伴って生じた廃棄物のうち、「廃棄物処理法施行令」で定められた20種類のものと、廃棄物処理法に規定する「輸入された廃棄物」を指します。一般廃棄物は、産業廃棄物以外の廃棄物で、し尿のほか家庭系ごみ、オフィスや飲食店から発生

する事業系ごみも含みます。

包装としてのレジ袋のデメリットや万引き防止といったメリット等、部分的な観点で、廃棄物、プラスチック問題を議論するのは不十分です。

(2) プラスチック

プラスチックは、軽くて丈夫で、様々な形に加工でき、そして安価です。ですから私たちの生活に溶け込んでいます。しかし、その丈夫さゆえに今日大きな問題を引き起こしています。

ゴミとして収集された大量のプラスチックは、製品の原料としてリサイクルされるものもありますが、サーマルリサイクル（熱回収）としてCO_2を発生させながら燃やして処理しています。これもリサイクルの一つとなっています。 また、過去にはプラスチックごみを中国や東南アジアに輸出していました。近年、プラスチックごみの輸入を禁止する国が増えています。世界基準と合わせて日本の廃棄物について考える必要があります。

レジ袋の有料化が2020年7月から開始されました。プラスチック製品すべてをなくしてしまうのは非常に困難です。しかし、自然に返る生分解性プラスチックの使用や、使い捨てのプラスチックを削減することがまず求められています。

(3) マイクロプラスチック

廃棄されたプラスチックが自然界に放置されると、川の流れや波にもまれ、紫外線にさらされ非常に小さな片になります。しかし、自然分解はされません。

マイクロプラスチックは、直径5ミリメートル以下の微小なプラスチック粒子です。魚や海の生物が餌と間違えて食べたりして体内からマイクロプラスチックが容易に見つかるようになってきました。近年大気や山からも発見されています。

マイクロプラスチックに含まれる化学物質により人体への影響も懸念さ

れています。

プラスチック問題により各国の規制が進んできました。

- プラスチックごみの輸入禁止（中国：2017年）
- 発砲プラスチック容器禁止（ニューヨーク市：2019年）
- プラスチック製コップ禁止（フランス：2020年）
- 使い捨てプラスチック禁止（EU：2021年）
- プラスチックに係る資源循環の促進等に関する法律（日本：2022年）
- すべてのプラスチックをリサイクル（フランス：2025年）

(4) 食品ロス

食品ロスとは、まだ食べられるのに、捨てられてしまう食べ物のことです。

世界では13億トン／年の食料が廃棄されています。私たち1人あたりで換算すると毎日お茶碗1杯分の食料を捨てていることになります。一方、世界では9人に1人が栄養不足で苦しんでいます。日本は食料の62%を輸入に頼っている（自給率38%）にもかかわらず、大量の食料を捨てているのです[1]。

コンビニでも、消費期限が近い商品を買ってくれるお客さまに特典を設けたり、クリスマスケーキ等を予約のみで販売したり、廃棄物を飼料にしたりする取り組みが始まっています。

(5) レアメタル

私たちの必須アイテム、スマートフォンにはレアメタルが使用されています。

アフリカのコンゴでは、レアメタルの採掘に過酷な労働を強いることもあり、内戦にいたることもあります。私たちのスマートフォンはどのようにしてできたものか考えてみましょう。

1　農林水産省 食品ロスの現状を知る
（https://www.maff.go.jp/j/pr/aff/2010/spe1_01.html）

また、レアメタルは日本でも入手可能です。私たちが使用しなくなった多くの携帯電話やスマートフォンには多くのレアメタルが含まれており再利用することができます。さらにコンゴより安価で入手できることもあります。これら廃棄物となった製品に資源が含まれていることを「都市鉱山」と呼びます。

身近に資源があるのに、「なぜ普及しないのか」、「 コストや回収の課題をどうすればよいか」を考えてみましょう。

(6) 災害廃棄物、高レベル放射性廃棄物

近年では地震、豪雨などの大規模災害により大量の廃棄物が発生しています。脱炭素エネルギーとして再度注目されている原子力発電は、使用すると廃棄が困難な「核のゴミ（高レベル放射性廃棄物）」を生み出します。

私たちは東日本大震災から、高レベル放射性廃棄物は、人類が容易に制御できるものではないことを知っています。脱炭素、核のゴミと私たちが使用するエネルギーの確保といった問題を思考することはとても重要です。他人事にするのではなく、思考の練習として、仮説を出し、それに伴うメリット、デメリットに向き合ってみることも重要です。

私たちは「廃棄すること」を見直す時期に来ています。第5章でも考えます。

5 SDGsへの取り組み

(1) 企業とSDGs

①SDGsを知る、②自社事業をSDGsにMappingする、③自社の改善と言った自社内での取り組みから、④ビジネスで社会の課題を解決する、⑤ブランドイメージ向上、⑥サステナビリティの実現に貢献する、といった対外的な課題への解決策提示にシフトしてきたと考えられます。また、SDGsでは、相互に関連するターゲットを企業が単独で実現するように求

められているわけではありません。今、「行動しないことがリスク」とも言われています。

そこで、企業がCSVに取り組む今日、世界的に解決したい社会課題を集めたものが、SDGsの169のターゲットです。

(2) SDGsターゲットの関係性

SDGsの169のターゲットを個別に検討することは大切です。さらに、169のターゲットは相互に密接に関係していて、お互いに効果を及ぼしあうものもあり、単一のターゲット検討よりも、統合的なアプローチが有効です。

SDGsターゲット12-3として、「2030年までに小売・消費レベルにおける世界全体の1人当たりの食料の廃棄を半減させ、収穫後損失などの生産・サプライチェーンにおける食品ロスを減少させる」とあります。これは他のターゲットとも関連しており、効率的に達成できる可能性があります。たとえば、学生の皆さんにも関心が高い、食品ロスに言及しているターゲットですが食料品、飲料、観光等の業界がコラボしながら取り組めるターゲットではないでしょうか。

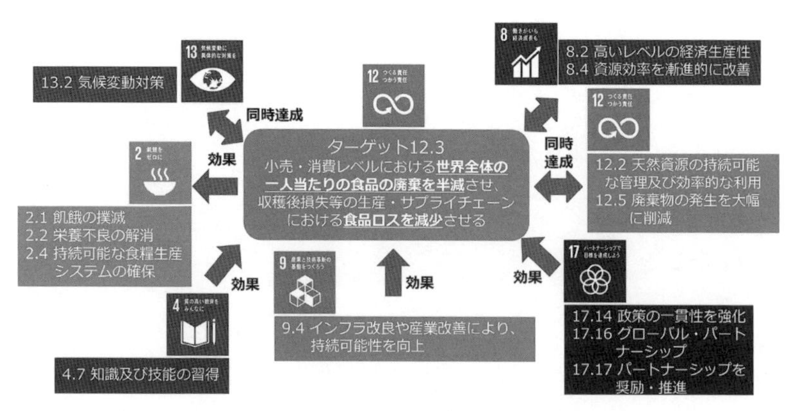

図4-3　SDGSの各ゴールの関係

出典：環境省『平成29年版　環境白書・循環型社会白書・生物多様性白書』2017

SDGsターゲット6-3は、「2030年までに、汚染の減少、有害な化学物質や物質の投棄削減と最小限の排出、未処理の下水の割合半減、およびリサイクルと安全な再利用を世界全体で大幅に向上させることにより、水質を改善する」とあります。これはSGSsの目標3、6、12、13他と関連があり、医療、産業、エネルギー分野が連携して取り組めます。

皆さんもどのようなコラボが可能か考えてみましょう。

Column　サステナビリティと伊勢神宮

三重県の伊勢神宮では、1300余年前から20年毎に東西に並ぶ御敷地に、古例のままに社殿を新しく造営し神様にお遷りいただく「式年遷宮」が繰り返し行われています。神事としての意味は割愛しますが、"耐久力のない"方法で持続可能を実現するモデルとして2013年頃（前回の式年遷宮）によく議論されていました。

造営用の木材は「神宮林」として自給自足を目指し、20年毎に社殿は神々しく生まれ変わります。社殿に使用されていた用材はゆかりある神社で大切に再利用されています。20年という年月は、檜という木材のリサイクルにも、社殿の耐久性にも、造営に伴う技術伝承にも最適だと考えられています。

サステナビリティも発展途上です。いろいろな文化から目指す社会の本質を考えてみてはいかがでしょう。

6 統合報告書

近年財務情報に加え、投資家の関心の高まりにより、環境など非財務情報の重要性が高まっています。また、PDFを含む紙資料での発信から、WEB媒体と連携した発信も多くなっています。

(1) 財務情報

年次報告書（アニュアルレポート）

株主を含むステークホルダーに、会社の活動および財務実績を提供します。

(2) 非財務情報

サステナビリティレポート、CSR 報告として公開されています。事業者が環境にどのように影響を与えているか、対策を含めて自ら情報公開するもので、「組織の短、中、長期の価値創造能力や資本の利用および資本への影響」を記載するため注目が高まっています。

説明責任に基づく情報開示で「事実」「考え方」を伝え、ステークホルダーの理解と信用を得ることが重要になります。また、学者などの第三者意見の記載や、監査法人系子会社等が審査、結論を表明することで信頼性を高めます。

(3) 統合報告書の内容

IIRC（国際統合報告評議会）は七つの指導原則に基づき、八つの内容要素の情報開示を求めています。

指導原則：・戦略的焦点と将来志向　・情報の結合性　・ステークホルダーとの関係性　・重要性　・簡潔性　・信頼性と完全性　・首尾一貫性と比較可能性

内容要素：①組織概要と外部環境　②ガバナンス　③ビジネスモデル　④リスクと機会　⑤戦略と資源配分　⑥実績　⑦見通し　⑧作成の表示の基礎

ステークホルダーとは、投資家、コミュニティ、仕入先、消費者、従業員、NGO、行政他企業活動に関わる人々すべてのことを言います。

このテキストの6章以降、様々なステークホルダーの考えを知ることができ、各ステークホルダーが注目していること、協同して取り組めることを知ることができます。

(4) サステナビリティレポート(CSR レポート)のフレームワーク

レポート作成の際に、世界の大手企業の75%が利用しているのがGRIスタンダードです。

経済、環境、社会に与えるインパクトを報告し、持続可能な発展への貢献を説明するためのフレームワークを提供しています。

GRI (Global Reporting Initiative) は、サステナビリティ報告書のフレームワークを制定している国際的な非営利団体で、初版は2000年6月に公表されています。

7 レッスン

(1) 共有価値創造

- あなたの共有価値はなんですか。
- あなたの職場や学校、関心のある業界での共有価値について調べてみましょう。

(2) 社会課題と価値について

SDGs「目標1 貧困をなくそう」、「目標2 飢餓をゼロに」などの社会課題や、「目標14 海の豊かさを守ろう」、「目標15 陸の豊かさも守ろう」などの環境への課題が非常に多く残されています。どのような価値観からこのような状況になったと思いますか。

8 まとめ

本業で社会的課題を解決する製品やサービスを生み出すことができる企業が、社会共通の価値を持ち評価される時代になりました。サプライチェーン全体を見渡し、ステークホルダーとのコラボレーションでSDGs目標を達成することが大切です。

第5章

サーキュラーエコノミーと投資

加納　隆

Chapter contents

Objective

意識改革、価値観の変化

平成、令和の世代の皆さんには、スマートフォンやSNSがあるのは当たり前のことでしょう。しかし、iPhoneが発表されたのは2007年です。

地球温暖化の説明で引き合いに出される18世紀イギリスの産業革命前は身分制度があり、人生は生まれたときにはすでに決まっており、活動範囲の自由や職業選択の自由はありませんでした。贅沢品は綿製品や胡椒でした。それが産業革命によってライフスタイルに大きな変化が起きました。

「大量生産、大量消費、大量廃棄」を経て「サステナビリティ」へのパラダイムシフトが起こり、企業の取り組みも加速しています。理由は、地球温暖化がビジネスの持続可能性においても大きなリスクとして認識され始めたこと、SDGs に明記されているように、慈善事業ではなく、ビジネスとしての社会課題解決が共通通念になったこと、金融面での支援、それを実践するツールが揃ってきたことが挙げられます。

常識はどんどん変わります。SDGs やコロナとの共存、DX (Digital transformation)、他国への侵攻が語られるなか、新しいことに適応でき次の常識を作っていくのは皆さんです。

第５章では､経済や社会に影響を与える用語や考え方を説明します。

1　エネルギー

経済活動に必須であり､脱炭素のキーワードであるエネルギーについて考えます。

ここでは各エネルギーが持続可能であるか､再生可能エネルギー普及の課題に注目します。

(1) 燃料

私たちの生活を支えるエネルギーを生み出す資源を「エネルギー資源」といい､「化石燃料」「非化石燃料」「自然エネルギー」の３種類があります。

①化石燃料は原始時代の動植物に由来し､埋蔵量があり枯渇するエネルギーです。石炭､原油(石油)､LNG､オイルシェールが該当します。

②非化石燃料は原子力発電用の燃料で埋蔵量があり枯渇するエネルギーです。ウランとプルトニウムが該当します。

③再生可能(自然)エネルギーは無尽蔵のエネルギーです。太陽光､風力､潮汐､地熱､水力､バイオマスが該当します。①②そして燃料を輸入するバイオマス発電の場合は輸送時に CO_2 を排出します。

(2) エネルギー

エネルギーには一次、二次エネルギーがあります。

一次エネルギーとは、化石燃料や原子力、水力、地熱などの加工されていない状態で配給され、電気、熱エネルギーに転換可能なものです。

二次エネルギーは、一次エネルギーを転換、加工して得られるもので電気、都市ガスや重油、ガソリン等液体燃料、近年注目されている水素が該当します。

重油、ガソリン等液体燃料を燃焼させる際に CO_2 が発生します。火力発電の仕組みはタービンで得られた回転運動で発電機を回し電気を得ますが、CO_2 が発生します。原子力発電は核分裂という物理的な反応によって熱を発生させ水を沸かし蒸気の力でタービンを回します。太陽光発電はシリコン半導体から直接電気を得ます。

(3) 水素エネルギー

利用時に CO_2 を排出しない、脱炭素社会のエネルギーとして注目されている水素は家庭用燃料電池（エネファーム）や燃料電池自動車（FCV）、燃料電池バスなどに使用され普及し始めています。商用水素ステーションも全国117箇所（2020年3月末）開所しています。

しかし、本格的な普及には技術、インフラ、安価で大量に調達することが必要で、多くの実証実験が行われています。

水素の製造は、①水に電気を通し水素ガス・酸素を発生させる、②化石燃料（LPガス、石油や天然ガス）を分解して水素を取り出す、の二つの方法があり、大量に製造するには、現在②が使用されています。

近年、天候に左右されやすく、貯蔵に課題がある再生可能エネルギーを、水素に変換・貯蔵するP2G（Power-to-gas）技術が注目されています。

(4) エネルギーの生産、使用について

- 発電設備建築／廃棄：環境への影響があります。

- 一次エネルギー燃料採取：化石、非化石燃料、輸入バイオマス燃料は採取時に環境への影響があります。再生可能エネルギーは天候に左右されます。
- 一次エネルギー燃料輸送：化石、非化石、輸入バイオマス燃料輸送時にCO_2を排出します。
- 発電、精製：火力、バイオマス発電は発電時にCO_2を排出します。
- 核廃棄物の廃棄：原子力発電では核廃棄物が発生するため処理する必要があります。
- 二次エネルギー送電、燃料の輸送：日本国内で見ると、国内電力消費量9850億kwhのうち約3.4%の送電ロスが発生しています。ガソリン等の輸送時にはCO_2を排出します。
- 二次エネルギー使用時：ガソリン等液体燃料はエネルギー効率が電気より高くなります。しかし使用時にCO_2を排出します。電気は液体燃料に対しエネルギー効率が相対的に低くなります。

“脱炭素化”が求められるなか、336社（2021年9月時点）の企業は、RE100（Renewable Energy 100）という、事業活動に必要な電力の100%を再生可能エネルギーで賄うことを目指す枠組みに参加しています。

各燃料も一長一短、たとえば、電気というエネルギーを得るにも、様々な燃料、製造方法があり、設備の廃棄も含めると、自然に何らかの負荷を与えています。

各エネルギーのメリット、デメリット、将来性、課題をマトリクスにまとめて考えてみましょう。次に、エネルギーのベストミックス（最もよい組み合わせ）を考えてみましょう。

2　サーキュラーエコノミー（Circular Economy：CE）

限界を迎えている従来の「大量生産・大量消費・大量廃棄」のリニアな経済（線形経済）に代わり、サーキュラーエコノミーは製品と資源の価値を可能な限り長く保全・維持し、廃棄物の発生を最小化した経済のことを言います。元々は欧州の資源循環政策であり、規模4.5兆ドルの新たな産業や雇用を生み出すための「市場創造型」の経済戦略でもあります。国際的なサーキュラーエコノミー推進機関であるエレン・マッカーサー財団が有名で、日本では2021年1月に経団連と循環経済パートナーシップを立ち上げました。

従来型のリニアエコノミー（線形経済）、3Rとサーキュラーエコノミーについて考えます。

まずは、リニアエコノミーからの現在にいたる背景です。

(1) 循環型社会形成推進基本法（2000年）

廃棄物、リサイクルに関する基本的な法律で、3R-Reduce（ごみの発生抑制）、Reuse（再使用）、Recycle（再資源化）、および拡大生産者責任（製品の廃棄について、製品の生産者が責任を持つ）を推進しています。「廃棄物がある」という前提でいかに減らすか、どのように再資源化するかについて検討します。

近年、脱炭素、海洋プラスチック問題等による法律が決められています。

- プラスチックごみの輸入禁止（2017年12月中国）
- 発泡プラスチック容器禁止（2019年1月ニューヨーク）
- プラスチック製コップ禁止（2020年1月 フランス）
- 使い捨てプラスチック禁止（2021年 EU）
- すべてのプラスチックをリサイクル（2025年フランス）

(2) Society5.0

SDGs、2011年のドイツ由来の第四次産業革命をきっかけに、経団連は、「サイバー空間（仮想空間）とフィジカル空間（現実空間）を高度に融合させたシステムにより、経済発展と社会的課題の解決を両立する、人間中心の社会（Society）」としてSociety5.0を提唱しました。第四次産業革命との共通点は技術革新にあります。

(3) デジタル化（DX）による環境負荷軽減

デジタル化は地球規模での観測やデータ連携、大企業でのデータ活用だけでなく、スマートフォンが普及した途上国の女性や子どもにも商取引や教育の機会を提供します。

- 人工衛星とセンシング技術の適用
  人工衛星や航空機等で世界規模のモニタリングを可能にし、森林や海洋資源の管理を容易にしました。また、GPSと農機具を組み合わせることでスマート・アグリカルチャーが広まりつつあります。
- 移動の削減によるCO_2削減
  WEB会議、テレワークでの移動削減、3Dプリンターでの試作品作成に伴う物流削減が行われています。
- デジタル化による途上国の女性の商取引への参加
  スマートフォンを使うことで、中間業者を介さず商取引や販売をすることで搾取を防いだり、資金支援、銀行開設（モバイルバンキング）など市場経済への門戸開放、取引の見える化による商取引や契約時の不正を防止する試みが広まっています。
- オンライン／オンデマンド授業による教育の機会を提供します。
- トレーサビリティの向上により、サプライチェーンでの原産地や流通に関わる企業を把握することで、認証制度を守った製品か否かを見分けることができます。
- IoT（Internet of Things）、シェアリング、サービサイジングの促進によって新しいビジネスが生まれます。

※デジタルデバイドと言われる、デジタル機器やリテラシーを持つ持たないによる格差は別課題として検討する必要があります。

これらの背景から、廃棄物や資源の再考についてのまったく新しい概念が登場しました。それがサーキュラーエコノミーです。

(4) サーキュラーエコノミーの三つの原則（エレン・マッカーサー財団）

① 自然のシステムを再生する

環境を保護するだけでなく、積極的に改善できるとしたらどうでしょうか。

- 再生可能な原料である自然を再生します。

② 製品や材料を使用し続ける

「物を使い切る」のではなく、「物を使う」経済を構築できたらどうでしょうか。

- 物を使い切ると廃棄することになります。
- Recycle より Reduce は使用するエネルギーを削減できます。

③ 廃棄物と汚染を設計する

そもそも廃棄物や汚染が発生しなかったとしたらどうでしょうか。

- 3R は廃棄物や汚染があるという前提ですが、廃棄物はないという発想での考え方です。

つまり、「経済活動の末端に廃棄物が発生する」という概念をなくしてみることです。

少し奇妙に思えるかもしれません。しかし、生態系ではすでにそれを実践しています。

(5) サーキュラーエコノミーのバタフライ・ダイアグラム（エレン・マッカーサー財団）

- 図5-1の中央は、リニアエコノミー、左側は再生可能な生物資源、右側は枯渇資源を表します。
- 技術サイクル（右側）：枯渇資源のサイクル。小さな円から、製品→部品→材料→原料を表し、小さな円程資源再生のコストが安い。有限な枯渇資源を扱い、場合によっては、自然界から得られる原料より少ないコストで製造が行えます。シェアリング、サービサイジング、サブスクリプションといったビジネスが考えられます。

- 生物サイクル（左側）：生物資源のサイクル（木材、綿、食材）。カスケードリサイクルで用途を変えてリサイクルします。
- 現状の廃棄物とされているものも資源であり、最終的に廃棄するものは発生しますが極少化します。
- エネルギーは、枯渇しない再生可能エネルギー使用が前提となります。

(6) サーキュラーエコノミーによるビジネスと課題

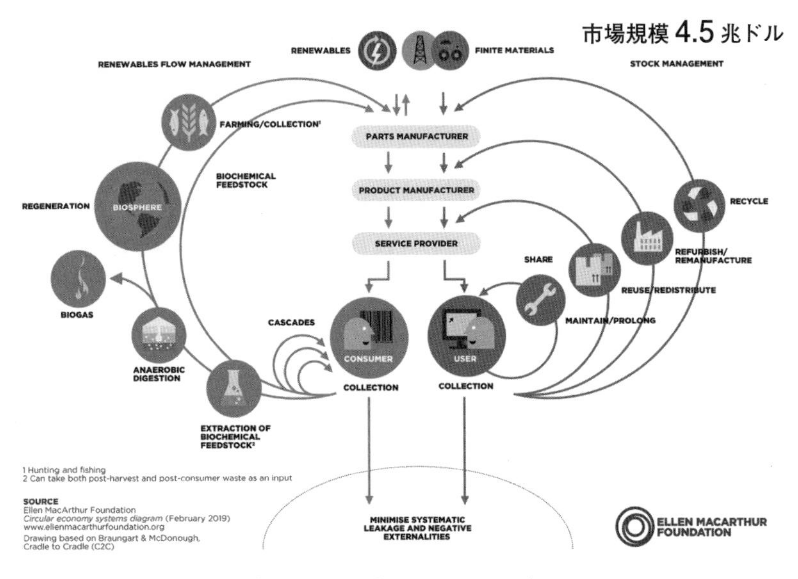

図 5-1　サーキュラーエコノミー
出典：エレン・マッカーサー財団 WEB サイトより

ビジネス面では、シェアリング、サブスクリプションなど、所有から共有、サービス化などの新しいビジネス創出、原料調達の見直し、それに伴うビジネスプロセスの再設計が必要になります。

脱炭素、SDGs 対応など社会課題への考慮も必要です。課題としては、コスト削減、廃棄物を回収する静脈物流の整備が挙げられます。

今までは原材料のコスト削減から効率化を図っていました。これからは廃棄物を何に使うのではなく、脱炭素、SDGs、サーキュラーエコノミーに対応して用途を最初に決めておく「ビジネスの再設計（リデザイン）」が求められています。

(7) 事例

- Loop：容器のリユース
- フィリップス：灯りのリース
- H&M：衣服のリサイクル
- Nike：スニーカー、トレーナーのリメイク、リデザイン
- ユニ・チャーム：使用済み紙おむつのリサイクル
- キリン、サントリー：ペットボトルのリサイクル

3 ESG投資

投資するための、企業価値の尺度で、キャッシュフロー、利益率（財務情報）に加え、ESG要素（非財務情報）を考慮する投資です。

自然環境保護は、今では投資家、金融機関から注目されています。自然環境保護がなぜビジネスと関係があるかについて考えます。

(1) ESG要素は次の三つ

- E（環境）：気候変動、水資源、生物多様性
- S（社会）：女性活躍推進、労働環境改善、サプライチェーンのリスク管理
- G（ガバナンス）：法令順守、透明性、取締役の構成

(2) グローバルリスク

2019年版 WORLD ECONOMIC FORUM 第14回グローバルリスク報告書に、発生の高いグローバルリスクと影響が大きいグローバルリスクが表記されています。

金融業界は、自然災害による多額の保険金支払いが経営を圧迫することを懸念し、ESG 投資に注目しています。

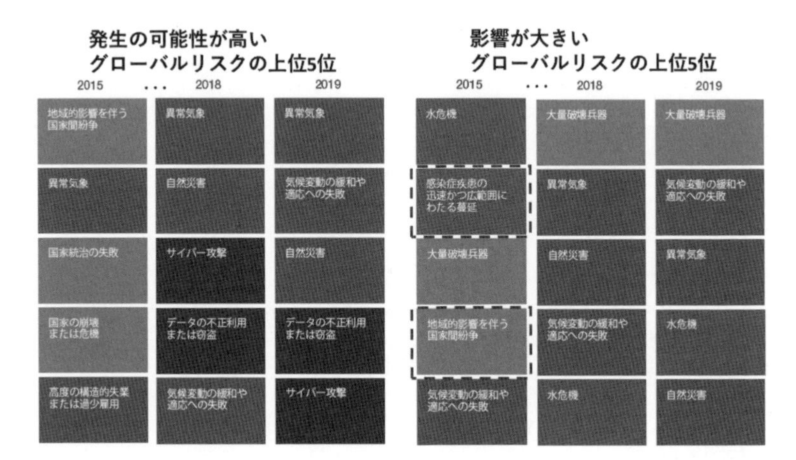

※ 金融業界は、自然災害からの多額の保険金支払いにより、経営が圧迫されることを懸念

図 5-2　グローバルリスク

出典：WORLD ECONOMIC FORUM グローバルリスク報告書より作成

(3) 投資市場のポテンシャル

SDGsが達成されることで、「食料と農業」「都市」「エネルギーと資材」「健康と福祉」の4分野において、2030年までに少なくとも12兆ドルの経済価値がもたらされ、最大3億8千万人の雇用が創出される可能性があると指摘されています[1]。

(4) 投資までの歴史

① SRI（Social Responsibility Investments 社会的責任投資）

企業の利益や収益性に加え、環境保全などの社会的取り組みを評価して

1 「ダボス会議（ビジネスと持続可能な開発委員会報告書）」2017年1月。

投資を行う考え方です。

1920年代—ギャンブル、武器、酒などの製造販売を行う企業を投資対象から外す

1960年代—ベトナム反戦、公民権運動、女性の権利への取り組み

1980年代—アパルトヘイト政策への取り組み

これらを経てESG投資に向かいます。

② SR（Social Responsibility 組織の社会的責任）

企業だけではなく、組織のSRの手引きに関する国際規格（ISO26000）としてまとめられています。

- 社会からの信用を得る
- 法令違反など社会の期待に反する行為によって事業継続が困難になることの回避
- 組織の評判、知名度、ブランドの向上
- 従業員の採用定着、意識向上、健全な労使関係への効果
- 従業員とのトラブル防止削減、ステークホルダーとの関係向上
- 資金調達の円滑化、販路拡大、安定的な原材料調達

※日本では江戸時代から、売り手よし、買い手よし、世間よしの「三方良し」という近江商人の理念が引き継がれています。

(5) 脱炭素への動き

ESG投資の潮流のなかで、脱炭素経営を活発にして企業価値向上への動きが進んでいます。

- TCFD（Task Force on Climate-related Financial Disclosures）
  気候変動での「ガバナンス、戦略、リスク管理、指標と目標」に企業としてどのように対処しているかの開示
- SBT（Science Based Targets）
  温室効果ガス削減に向けて、企業が科学的な中長期の目標設定を促す枠組み

- RE100（Renewable Energy 100）
  事業活動に必要な電力の100％を再生可能エネルギーで賄うことを目指す枠組み
- サプライチェーン排出量（=Scope1 + Scope2 + Scope3）の算出
  事業者自らの排出だけでなく、サプライチェーン全体での事業活動にて発生する温室効果ガス量を算出し、情報開示することが求められています。
  Scope1：事業者自らによる温室効果ガスの直接排出（燃料の燃焼、工業プロセス）
  Scope2：他社から供給された電気、熱・蒸気の使用に伴う間接排出
  Scope3：Scope1、Scope2以外の間接排出（事業者の活動に関連する他社の排出）

TCFD、SBT、RE100のすべてに取り組んでいる企業一覧

業種	企業	業種	企業
建設業	積水ハウス㈱ / 大東建託㈱ / 大和ハウス工業㈱ / 戸田建設㈱ / ㈱LIXILグループ / 住友林業㈱ / 東急建設㈱	化学	積水化学工業㈱
		医薬品	小野薬品工業㈱
食料品	アサヒグループホールディングス㈱/ 味の素㈱ / キリンホールディングス㈱/ 日清食品ホールディングス㈱	精密機器	㈱島津製作所 / ㈱ニコン
		その他製品	㈱アシックス
電気機器	コニカミノルタ㈱ / セイコーエプソン㈱ / ソニー㈱ / パナソニック㈱ / 富士通㈱ / 富士フィルムホールディングス㈱ / ㈱リコー	情報・通信業	㈱野村総合研究所
		小売	アスクル㈱ / イオン㈱ / J.フロント リテイリング㈱/ ㈱丸井グループ
		不動産	三井不動産㈱／三菱地所㈱

図5-3　企業の脱炭素への動き
出典：環境省WEBサイト「TCFD, SBT, RE100に取り組んでいる企業（2021年12月31日時点）」より

(6) 国連責任投資原則（PRI）

ESGを投資判断の要素に入れ、リスクを管理し、持続的な運用成果を目指す原則が、国連環境計画、グローバルコンパクトのもとで策定され、世界の160か国、8300企業が署名（2015.7）しています。

① 私たちは投資分析と意志決定のプロセスにESGの課題を組み込みます。
② 私たちは活動的な（株式）所有者になり、（株式の）所有方針と（株式の）所有慣習にESG問題を組み入れます。
③ 私たちは、投資対象の主体に対してESGの課題について適切な開示を求めます。

④ 私たちは、資産運用業界において本原則が受け入れられ、実行に移されるように働きかけを行います。
⑤ 私たちは、本原則を実行する際の効果を高めるために、協働します。
⑥ 私たちは、本原則の実行に関する活動状況や進捗状況に関して報告します。

(7) 格付けと投資

皆さんは、「わが社はSDGsに対応している」「私は環境に配慮した活動をしている」と聞いたとき、「その量や質」についてどう思いますか？ 企業の主観的な意見だけで大丈夫でしょうか。投資家は企業からの報告だけでなく、ステークホルダーからの客観的な情報も含め、業界標準の指標（評価の目印）を基に判断しています。どのような発信が必要か考えてみましょう。

投資家に「ESG投資」先と意識させるために企業は、次の三つを実践します。
①「自然資本プロトコル」の遵守
② 各種指標を発信できるようバリューチェーンの情報を収集・分析・共有
③ 各ステークホルダー等第三者からの評価

自然資本プロトコル

「自然資本プロトコル」は本部イギリスのNational Capital Coalitionが開発した自然資本を経営判断に含めるための枠組みです。
① 基本事項の確認、自然資本を評価する目的の明確化、評価範囲の決定
② 自然資本への影響と依存度の把握、測定と評価の準備、影響や依存度の測定、自然資本の変化の測定
③ 自然資本のコストや便益の価値評価、評価結果の解釈と活用、社内プロセスへの組み込み

ESG投資の規模は増加傾向で、サステナビリティを実現する可能性は広

がっています。また、私たちは製品の購入、投資などで企業に関わります。しかし残念ながら、ニュースや企業、関連団体の情報では「グリーンウォッシュ、SDGs ウォッシュ」と言われる環境や社会課題に貢献しているように見せかける企業も存在しています。特定業界に都合がよったり、ある側面では環境に配慮した製品や活動でも他の視点ではそうでない事例が多く見受けられます。

企業を評価する際、サプライチェーンを通して「その規模に応じた社会貢献、価値創造をしているか」について見極める目を養うことが重要です。

4　ライフスタイル

消費者として下記のような考え方があります。

- **エシカル**
  「倫理的、道徳的」の意。環境配慮だけでなく商品で安心安全な素材を、製造プロセス、差別、労働、途上国の待遇、対価等、社会的課題を配慮する製品、企業から購入するような消費行動。近年は海外のセレブも“エシカルファッション”をローンチさせています。
- **ロハス**
  健康で持続可能なライフスタイル（Lifestyles of Health and Sustainability）
- **フェアトレード**
  輸入相手国の経済的自立を支援するために、適正価格で取引しようという意識、消費・購買
- **ビリーブドリブン**
  「信念・価値観に基づく」購買者
  例：「意見の分かれる社会問題や政治問題への姿勢に共感したという理由だけで、それまで利用したことのないブランドを購入した」

5 パラダイムシフト

2022年時点でコロナ禍、他国への侵攻を経て、世界中で想定外の状況を体験しています。

また、環境元年と言われる1972年から約50年を経ていますが、根本的な解決にはいたっていません。しかし、SDGs、パリ協定、脱炭素、サーキュラーエコノミー、ダスグプタ・レビューなど、意識改革、産業改革につながる大きな動きがあり、EUが多くをリードしています。

インターネットでの情報や翻訳ツールの改善、SNSにより容易に情報取得ができるようになりました。そうした様々な情報のなかから自ら選択することが必要なスキルとして求められています（第13章参照）。

人類規模での考え方

- Global commons：地球を人類の共有財産とする考え方
- 人新世（アントロポセン）：人類が地質学的に強い影響を持つ存在となる新時代

Column 宇宙船地球号 操作マニュアル
（著者：バンクミンスター・フラー）より

地球を一つの宇宙船と捉え、人類が直面している全地球的な課題に示唆を与えて、発想の転換、新たな思考回路の形成を迫っている。

それぞれの道具を発展させていくなかで、人はその有効性の限界を広げもする。（中略）

人間のほんとうにユニークな点は、自分が持つ数多くの人体器官の機能を分離し、配備し、拡充し、より敏感にしていく、その幅の広さだ。もっとも適応力があり、どんな環境にも入り込み、そこを開発していくということでも、人間はあらゆる生命現象のなかでユニークに見える。

6　レッスン

第4章のサプライチェーンにおける環境配慮の取り組み項目から複数を選び、サーキュラーエコノミーに適応するとどうなるか考えてみましょう。

例：「減量化」「省エネ、再生可能エネルギー」「長期間の使用」

7　まとめ

3章の初めに、サステナビリティ（持続可能性）の会話で「会社、社会、国、世界、地球などどのレイヤ（階層）で話をしているかを考える必要があります。」と述べましたが、何かイメージできたでしょうか。仕組み、影響度、因果関係を考えてみましょう。

実際、多くの課題があるため、1人ですべてを考えるのではなく、コラボレーションの道を探りましょう。

日本の社会や企業でもだんだんとダイバーシティ（多様性）が求められています。

それは、未知の問題や状況を解決するには様々なアプローチを試してみる必要があるからです。同じ考えの人々より、多様な人々の発想からのアプローチこそ、レジリエンス（強靭性）につながると考えられています。

一方、多くの人たちのなかで多様の一つ（ユニークなアイデアを提案できる）と思われるには個性を磨くことが重要です。と同時に、その個性を「活かす」には他者との協調性（ハーモナイズ）も必要です。まずは、「5年間続けられる個性」と協調性をバランス良く培っていただいてはどうでしょう。

サステナビリティは我々みんなの課題です。限られた時間のなか、皆さんも参加し、新しい提案をし続けないととても実現できません。みんなで提案し、みんなで実現しましょう。

お手本はあります。私たちの生態系は循環型であり、何億年も持続可能だったのです。

環境問題と ステークホルダーの取り組み

第6章

関係ステークホルダーの違いと役割

井上和彦

Chapter contents

Objective

環境問題の原因は、人々の生活や企業等の事業活動など多岐にわたり、それらを解決するには、誰か特定の人だけが頑張ればよいというわけにはいきません。

「ステークホルダー」とは、一般的には「利害関係者」という意味で、環境問題を解決するには、その取り組みに関わる多様な立場の人々との関係性を考えなければうまく進みません。ここでは、第Ⅱ部のはじめに、環境問題を解決するための取り組みを行う際に関係するステークホルダーがそれぞれどんな違いがあり、どんな役割を持っているかを確認したいと思います。

1　環境問題に関するステークホルダーとは

ところで、実際に環境問題を解決するために動くのはどんな人たちでしょうか？ 主なものとして、行政、企業、NPO/NGO、市民に分けてみます。

(1) 行政

まず思いつくのが行政機関だと思います。環境問題は社会全体の課題ですから、公共的な仕事をする行政が動くのは当然といえるかもしれません。行政には、国と都道府県や市町村といった自治体があります。

行政特有の特徴としては、法律や条例を作って、本来自由にできる行動を制限したり、ある方向へ誘導したりします。たとえば環境に対して悪い影響を与える行為を禁止する法令を作ることで、それに反した人を罰することもできます。このように社会に対し大きな影響を与えることができますが、影響が大きいがゆえに慎重で公正な判断が求められます。

また、行政の仕事は、多くの市民や企業などから広く集めた税金を使っているので、その使い方について公平性や説明責任が求められます。特定の人だけが得をしたり損をするようなことがないか、後からそれが無駄になっていないかなどのチェックが入ることもあるので、すぐに動くことや限られたものに集中して取り組むことが苦手です。

(2) 企業

最近、企業が環境問題への関わりをPRするようになりました。テレビのCMで宣伝したり、多くの企業のホームページでも環境に関する情報が掲載されています。

企業は、複数の人たちが組織的に事業活動を行うので、当然個人より大きな影響を与えます。環境へ与える影響も大きいので、その負荷を減らすことや解決のための活動を行うことができます。これまでも公害など事業活動による環境問題が指摘されてきたこともあり、社会的な責任として取り組むことが求められるようになったほか、社会の基盤としての環境が持続可能でないと、事業活動も持続できないという考え方が広がっています。

一般に、市民など個人や企業、行政などの団体が物を買ったりサービスを受けるのは企業からという場合が多いので、企業がどんな物やサービスを提供しているかによって、生活や事業の仕方が変わり、環境への影響も変わるといえます。

企業は、一般に自らの資金のほかに投資や融資を受けて得た運営資金で製品や商品を作ったりサービスを提供し、その対価を回収して次の製品や商品、サービスを提供したり、従業員に給与を払うということを繰り返すので、投資家や顧客などの影響が大きいのが特徴です。顧客は、個人の消費者や企業同士の契約や取引、行政へ納入したり公共事業として請け合うことなど業種や企業ごとに異なっています。

企業の様々な行動は、基本的に物やサービスの対価で得た収益を元にしているので、収益性が判断基準になることも多くなります。別の見方をすると、事業で得た収益は、投資した人に返すか働いた従業員の給料として還元することが優先されがちで、社会全般への活動に回りにくいかもしれません。

(3) NPO/NGO

国内外には、環境問題を解決しようとしているNPOやNGOが多く存在します。NPOとは「Non-Profit Organization」の略で「非営利組織」と訳されています。営利を目的としないことが最大の特徴で、どちらかというと企業との違いを表現しています。NGOとは「Non-Governmental Organizations」の略で「非政府組織」と訳されています。公的な権限や税収を持った政府（行政）ではなく、民間の意思で活動している民間団体という特徴を表しています。その他、一般にボランティア団体や市民団体などと呼ばれているものも含め、形や扱うテーマは様々でも、公共的な役割を市民的な主体性を持って活動を行う団体という意味で、直接環境を改善する活動のほかに、一般的な市民や企業などへの啓発や社会の仕組みを見直す政策提言なども行っています。

団体としては、社会的な価値や多くの賛同を得ることが推進力となり、運営資金を公共性の高い事業を行うことで得たり、公的な補助や民間も含めた助成金、賛同者からの寄付などから得ることが多く、行政や企業に比べると収入が得にくい傾向にあります。そのため、資金以外でも行政や企業とのパートナーシップで役割分担をしながらミッションを達成することを目指す場合があります。

(4) 市民

学生も含めて市民は、個人の生活者という立場で社会のなかの役割を担っています。環境問題は、市民生活からも多くの影響や負荷が生じており、市民の自らの行動や家族や地域、学校や職場など他の市民と連携した活動の広がりが解決につながっていきます。

その行動は、個々の考え方によるものなので一様ではありませんが、社会というまとまりのなかで様々な影響を受けて大きく変化することもあります。一定の方向性を持った政策や経済の影響を受けることもありますが、逆に政策や経済に影響を与えることもあり、基本的には個々の判断材料となる情報をきちんと届けることが重要だと考えられます。

2　環境問題におけるそれぞれの責務

これらのステークホルダーには、環境問題に関する責任や義務があることが法律や自治体の条例などで定められています。これを見ると、それぞれの特徴がわかります。

(1) 環境基本法

まずは、国の法律である「環境基本法」の該当部分を見てみましょう。

環境基本法（抜粋）

（国の責務）

第六条　国は、前三条に定める環境の保全についての基本理念（以下「基本理念」という。）にのっとり、環境の保全に関する基本的かつ総合的な施策を策定し、及び実施する責務を有する。

（地方公共団体の責務）

第七条　地方公共団体は、基本理念にのっとり、環境の保全に関し、国の施策に準じた施策及びその他のその地方公共団体の区域の自然的社会的条件に応じた施策を策定し、及び実施する責務を有する。

（事業者の責務）

第八条　事業者は、基本理念にのっとり、その事業活動を行うに当たっては、これに伴って生ずるばい煙、汚水、廃棄物等の処理その他の公害を防止し、又は自然環境を適正に保全するために必要な措置を講ずる責務を有する。

2　事業者は、基本理念にのっとり、環境の保全上の支障を防止するため、物の製造、加工又は販売その他の事業活動を行うに当たって、その事業活動に係る製品その他の物が廃棄物となった場合にその適正な処理が図られることとなるように必要な措置を講ずる責務を有する。

3　前二項に定めるもののほか、事業者は、基本理念にのっとり、環境の保全上の支障を防止するため、物の製造、加工又は販売その他の事業活動を行うに当たって、その事業活動に係る製品その他の物が使用され又は廃棄されることによる環境への負荷の低減に資するように努めるとともに、その事業活動において、再生資源その他の環境への負荷の低減に資する原材料、役務等を利用するように努めなければならない。

4　前三項に定めるもののほか、事業者は、基本理念にのっとり、その事業活動に関し、これに伴う環境への負荷の低減その他環境の保全に自ら努めるとともに、国又は地方公共団体が実施する環境の保全に関する施策に協力する責務を有する。

（国民の責務）

第九条　国民は、基本理念にのっとり、環境の保全上の支障を防止するため、その日常生活に伴う環境への負荷の低減に努めなければならない。

2　前項に定めるもののほか、国民は、基本理念にのっとり、環境の保全に自ら努めるとともに、国又は地方公共団体が実施する環境の保全に関する施策に協力する責務を有する。

（下線筆者）

出典：e-Gov 法令検索 https://elaws.e-gov.go.jp/document?lawid=405AC0000000091

環境基本法によると、国は、環境に関する基本的かつ総合的な施策を定めたうえでそれを実施する責務があります。都道府県や市区町村などの自治体（地方公共団体）は、国の施策でカバーし切れない部分や、その地域の条件に応じた施策を定め、実施する責務があります。企業など事業者には、環境問題解決のために必要なことをやり、その製品や事業活動での環境負荷を減らす努力をしなければならないとされ、自ら努力するだけでなく国や自治体にも協力しなければなりません。市民は、日常生活での環境負荷を減らすよう努力し、国や自治体にも協力しなければならないとされています。

(2) 自治体の地球温暖化対策

次に、もう少し身近な地域における、環境問題のなかでもさらに具体的な地球温暖化対策に特化した条例である「京都市地球温暖化対策条例」の該当部分で、定められた各主体の責務を見てみましょう。

京都市地球温暖化対策条例（抜粋）
（本市の責務）
第5条 本市は，次に掲げる責務を有する。
(1) 総合的かつ計画的な地球温暖化対策を策定し，及び実施すること。
(2) 地球温暖化対策の策定及び実施に当たっては，地球温暖化対策に関する活動へのあらゆる主体の参加及び協力を促進し，これらの意見を適切に反映させること並びに大学，短期大学その他の教育研究機関，国及び国内外の地方公共団体との連携を推進すること。
(3) あらゆる主体が地球温暖化対策に自主的かつ積極的に取り組むことができるよう，社会的気運を醸成すること及び必要な措置を講じること。
(4) 本市の事務及び事業に関し，地球温暖化の防止及び気候変動適応（以下「地球温暖化の防止等」という。）のために必要な措置を講じること。

（事業者の責務）
第6条 事業者は，次に掲げる責務を有する。
(1) 地球温暖化の防止等のために必要な措置を自主的かつ積極的に講じるとともに，事業活動を通じ，他の者の地球温暖化対策の促進に寄与するための取組を行うことで，脱炭素社会の実現のために積極的な役割を果たすこと。
(2) 他の者が実施する地球温暖化対策に協力すること。
2 本市の区域内にエネルギーを供給している事業者（電気事業法第2条第1項第17号に規定する電気事業者及びガス事業法第2条第12項に規定するガス事業者に限る。）は，前項各号に掲げる責務のほか，次に掲げる責務を有する。

(1) 本市に対し，本市の区域内におけるエネルギーの供給量その他の地球温暖化対策を推進するために必要な情報を提供すること。
(2) 再生可能エネルギー（再生可能エネルギー源（エネルギー供給事業者による非化石エネルギー源の利用及び化石エネルギー原料の有効な利用の促進に関する法律第２条第３項に規定する再生可能エネルギー源をいう。以下同じ。）を利用して得ることができるエネルギーをいう。以下同じ。）の利用の拡大に資する措置を積極的に講じること。

（市民の責務）
第７条 市民は，次に掲げる責務を有する。
(1) 地球温暖化の防止等のために必要な措置を自主的かつ積極的に講じるとともに，日常生活を通じ，他の者の地球温暖化対策の促進に寄与するための取組を行うことで，脱炭素社会の実現のために積極的な役割を果たすこと。
(2) 他の者が実施する地球温暖化対策に協力すること。

（観光旅行者その他の滞在者の責務）
第８条 観光旅行者その他の滞在者は，次に掲げる責務を有する。
(1) 地球温暖化の防止等のために必要な措置を講じること。
(2) 他の者が実施する地球温暖化対策に協力すること。

出典：京都市情報館　https://www.city.kyoto.lg.jp/kankyo/page/0000215806.html

国の法律であり環境全般を扱う「環境基本法」よりさらに具体的になっていますが、京都市という地域におけるルールです。まず行政である市は、対策を作り実行するだけでなく、そこに市民や企業などあらゆる主体の参加と協力を促さなければならないとされています。行政だけでは進められないということが明記してあるのです。また、京都市ならではの特徴として、京都においては環境に少なからず影響を与える観光客について定めているのも地域の特性に応じたものです。環境問題の解決に向けて、市・事業者・市民・観光客という地域のステークホルダーそれぞれの自主的な取り組みと互いへの影響、協力関係が定められていることを知っておいていただければと思います。

3　環境問題における行政と企業の関係

それでは、環境問題に関わるステークホルダーのうち、行政と企業との関係を見てみましょう。企業は行政に何らかの手続きをする機会も多く、その際に接点があるので、行政は企業に対して様々な対策を取ることがあります。

(1) 法令順守

行政は、環境問題解決のために法律、条例（これらは最終的に議会で成立)、要綱などで、企業に対する規制、義務、努力、基準などを定め、該当する企業はそれを守らなければなりません。そのため、企業は申請、届出、報告、公表などを行い、行政もそれに対して許認可や公表などを行います。

たとえば、京都市地球温暖化対策条例では、一定規模以上の企業（事業者）に対して、以下のような義務規定を定めています。

事業者に関する義務規定
・特定事業者に対する義務規定
【対象】次のいずれかに該当する事業者
エネルギー使用量が原油換算で1500キロリットル以上／トラック100台以上，バス100台以上，タクシー150台以上保有
鉄道車両150両以上を保有／エネルギー使用を除きいずれかの温室効果ガスの排出量がCO_2換算で3000トン以上
【義務】事業者排出量削減計画書等の報告／環境マネジメントシステムの導入／新車購入・リース時のエコカーの導入

・準特定事業者に対する義務規定（令和３年４月１日～）
【対象】業務用の延床面積が1000㎡以上の建築物の所有者
【義務】エネルギー消費量等報告書制度の報告

・自動車販売事業者に対する義務規定
【義務】新車購入者への自動車環境情報の説明と販売実績の報告

・特定排出機器販売者に対する義務規定
【対象】特定排出機器（エアコン，照明器具，テレビ，冷蔵庫，電気便座）の販売事業者
【義務】エネルギー効率等の表示と説明

出典：京都市情報館　https://www.city.kyoto.lg.jp/kankyo/page/0000215806.html

参考までに、この特定事業者のなかで、市民にとってもなじみのある企業名も多い「業務部門」には、以下の81社（2022年１月現在）が挙げられています。なお、このなかには学校や行政機関も含まれています。

学校法人京都薬科大学	京都生活協同組合
株式会社王将フードサービス	RRH京都オペレーションズ合同会社
株式会社ラウンドワン	エヌ・ティ・ティ・コムウェア株式会社
株式会社京都環境保全公社	株式会社ブライトンコーポレーション
株式会社プリンスホテル	医療法人財団康生会
イズミヤ株式会社	京都府公立大学法人
株式会社平和堂	株式会社藤井大丸
株式会社東山ホールディング	学校法人京都産業大学
光アスコン株式会社	株式会社大丸松坂屋百貨店
株式会社朝日新聞社	医療法人医仁会
公益財団法人国立京都国際会館	株式会社ダイエー
京都信用金庫	京都中央信用金庫
株式会社ファミリーマート	京阪ホテルズ&リゾーツ株式会社
京都ステーションセンター株式会社	リゾートトラスト株式会社

医療法人社団洛和会	株式会社ハートフレンド
アバンティビル管理組合	イオンモール株式会社
京都市教育委員会	合同会社西友
株式会社ジェイアール西日本ホテル開発	イオンリテール株式会社
みずほ銀行	京都市上下水道局
株式会社髙島屋	日本生命保険相互会社
学校法人佛教教育学園	株式会社京都銀行
株式会社ジェイアール西日本伊勢丹	学校法人京都女子学園
独立行政法人国立病院機構	株式会社京都ホテル
公益社団法人京都保健会	日本中央競馬会
国立大学法人京都大学	株式会社京都東急ホテル
京都駅ビル開発株式会社	KDDI 株式会社
医療法人新生十全会	裕進観光株式会社
学校法人龍谷大学	京都市
学校法人同志社	日本赤十字社
国立大学法人京都工芸繊維大学	株式会社ローソン
株式会社ライフコーポレーション	京都府
学校法人真宗大谷学園	株式会社ヨドバシカメラ
学校法人立命館	アパホテル株式会社
株式会社 NTT ドコモ	地方独立行政法人京都市立病院機構
株式会社セブン－イレブン・ジャパン	学校法人瓜生山学園
京都リサーチパーク株式会社	ソフトバンク株式会社
日本マクドナルド株式会社	マルホ株式会社
社会福祉法人京都社会事業財団	株式会社近鉄・都ホテルズ
日本郵便株式会社	SH ホテルシステムズ株式会社
西日本電信電話株式会社	フォーシーズンズホテル京都
	株式会社オプテージ

　また、その特定事業者が毎年報告している「事業者排出量削減報告書」は次のようなものです。これらは、京都市のホームページ（京都市情報館）で公表されています。

要綱第６号様式

事業者排出量削減報告書

（宛先）京都市長	2021年 7 月 30 日
報告者の住所（法人にあっては，主たる事務所の所在地） 京都市山科区西野山射庭ノ上町294-1	報告者の氏名（法人にあっては，名称及び代表者名） 株式会社　王将フードサービス 代表取締役　渡邊　直人 電話　075-592-1411

主たる業種	飲食業（中華料理レストランチェーン）　細分類番号 7 6 2 3
事業者の区分	京都市地球温暖化対策条例第２条第１項第７号　☑ ア　□ イ又はウ　□ エ
計画期間	令和２年４月から令和５年３月まで
基本方針	環境問題全般に対し、積極的計画的に対応していく。温暖化防止対策としては消費電力の少ない高効率機器や省電力化に寄与する設備の導入を積極的に推し進める。
計画を推進するための体制	総務部環境問題対策課を中心にＫＥＳ環境マネジメントシステムを適正に運用し進捗状況を確認しながら推進していく。

温室効果ガスの排出の量		基準年度（29～1）年度	第１年度（2）年度	第２年度（3）年度	第３年度（4）年度	増減率
温室効果ガスの排出の量	事業活動に伴う排出の量	6,238.0 トン	4,414.9 トン	トン	トン	-29.2 パーセント
	評価の対象となる排出の量	5,661.3 トン	4,414.9 トン	トン	トン	-22.0 パーセント
	実績に対する自己評価	コロナ禍における売上高の減少と店舗閉店に伴い、全体的にエネルギー使用量が減少した。				

原単位当たりの温室効果ガス排出量等	事業の用に供する建築物の用途	原単位の指標	基準年度（1）年度	第１年度（2）年度	第２年度（3）年度	第３年度（4）年度	増減率
	店舗	事業活動に伴う排出の量（客席数）	2.49	1.84	0.00	0.00	-26.10 パーセント
		事業活動に伴う排出の量（　　）					パーセント
	実績に対する自己評価		コロナ禍における売上高の減少と店舗閉店に伴い、全体的にエネルギー使用量が減少した。				

重点的に実施する取組の実施状況	基準年度（1）年度	第１年度（2）年度	第２年度（3）年度	第３年度（4）年度	備考
	105.0 パーセント	100.0 パーセント	パーセント	パーセント	

具体的な取組及び措置の内容	（2）年度	空調更新等による負荷の低減、照明等の高効率化や省電力設備の導入。エネルギーの見える化による省エネ意識の向上を図る。
	（3）年度	
	（4）年度	
通勤における自己の自動車等を使用することを控えさせるために実施した措置	措置の内容	各自の判断により最善な移動方法を考え実践させる。
	上記の措置を実施した結果に対する自己評価	各自の判断に基づいて実施できている。

森林の保全及び整備，再生可能エネルギーの利用その他の地球温暖化対策により削減した量	区分	第１年度（2）年度	第２年度（3）年度	第３年度（4）年度	備考
	森林の保全及び整備によるもの	トン	トン	トン	
	地域産木材の利用によるもの	トン	トン	トン	
	再生可能エネルギーを利用した電力又は熱の供給によるもの	トン	トン	トン	
	グリーン電力証書等の購入によるもの	トン	トン	トン	
	温室効果ガス排出量の削減又は吸収の量の購入によるもの	トン	トン	トン	
	合計	0.0 トン	0.0 トン	0.0 トン	

地球温暖化対策に資する社会貢献活動	いまのところ予定ありません。
特記事項	

注 1　該当する□には，レ印を記入してください。特定事業者以外で自主参加される事業者の方は，レ印の記入は不要です。
2　「細分類番号」とは，統計法第２条第９項に規定する統計基準である日本標準産業分類の細分類番号をいいます。
3　「基準年度」とは，計画期間の前年度又は計画期間の前の三年度の事業活動に伴う排出の量又は原単位の数値の平均をいいます。
4　「増減率」とは，基準年度と比較した計画期間の平均の増加又は減少の割合をいいます。

図 6-1　京都市の事業者排出量削減報告書

出典：https://www.city.kyoto.lg.jp/menu1/category/14-13-6-0-0-0-0-0-0-0.html

もちろん、行政がこのような企業の活動をある程度制限するような決まりを作って運用するには、審議会など外部の関係者を入れた会議や、パブリックコメント、議会の決議、関係者への説明会などを経て制度化していくことになります。

企業にとっては法令順守は当然のことで、これに反した場合のリスクは計り知れないものとなっています。一方、順守していることを示すことで社会的な信用を確保することもできます。

(2) 誘導・支援

行政が行う政策には、法律等の制定以外にも、企業活動を環境問題解決に向けたものに誘導する手段も多くあります。たとえば活動を制限したり違反を取り締まったりするだけでなく、より環境問題解決にとって良いことを褒めたり、その内容を社会に知らしめることで他が真似することを促したり、そのような活動がしやすくするための支援をすることもありま

図 6-2　京生きものミュージアム HP
出典：https://ikimono-museum.city.kyoto.lg.jp/prj_cert/

す。

たとえば京都市では、企業などによる生物多様性保全を文化の視点から進める取り組みを認定する「京の生きもの・文化協働再生プロジェクト認定制度」があります。これに認定された企業には、会社等に掲示できる認定プレートが渡され、ホームページで公表されます。

(3) 公共事業を担う企業

本来、行政が行うべき公共事業を民間企業に委託契約を結んでやってもらうこともあります。たとえば建設事業などはわかりやすく、行政が作る道路や橋も、実際作るのは工事を請け負った建設業者です。行政が決めた内容どおりに物を作っていく作業を行います。また、たとえば行政が行うべき「政策を作る」作業でも、実際には詳細なデータを取ったりまとめたり、他の事例から政策のアイデアを出したりする部分などを請け負うコンサルタント業務を行う企業もあります。環境問題においても専門性が必要となるため、行政と役割分担をしながら様々な企業が働いています。

環境問題では、たとえば以下のような場面で専門的な企業があり、公共事業だけでなく、民間企業からの依頼を受けて業務を行う場合もあります。

- 空気・水・化学物質などの浄化・処理
- 環境調査・測定
- コンサルタント（建設での環境配慮・環境行政・ISO14001取得など）
- 廃棄物処理（収集運搬・処理施設運営・プラント建設など）
- 造園土木・緑化・自然再生
- エネルギー（省エネ・再エネ・機器メーカー・設備設置など）
- その他のエコ商品の製造・販売、環境サービスの提供

(4) 協力・連携

行政と企業がそれぞれの特長を活かしてお互いに協力・連携する事例も

多く見られるようになりました。

行政にとっては、行政だけでできないサービスを連携して提供したり、環境問題解決に取り組む企業自らの活動を促すことができ、企業にとっては、事業の公共性を拡大することにつながったり、社会貢献や企業広報の意味でも良い機会と捉えることができます。

4 環境問題における企業とNPOの関係

次に、環境問題に関わるステークホルダーのうち、企業とNPO/NGO(ここではまとめて「NPO」という)との関係について、わかりやすい事例から見てみましょう。

全国のNPOが参加する「消費から持続可能な社会をつくる市民ネットワーク」では、「企業のエシカル通信簿」という活動を行っています。主に消費者が手にする製品メーカーの環境、倫理、持続可能な社会活動や消費者とのコミュニケーション活動を調査し、その結果でレイティングを実施するものです。結果はウェブサイト等で公表するとともに、企業との意見・情報交流の場を設けています。

表6-1 消費から持続可能な社会をつくる市民ネットワーク参加団体
(2020年9月1日現在38団体)

青森県消費者協会	福知山環境会議
消費生活実践グループin秋田	ひのでやエコライフ研究所
福島県消費者団体連絡協議会	総合地球環境学研究所 「持続可能な食の消費と生産を実現するライフワールドの構築――食農体系の転換にむけて」(FEAST) プロジェクト
えこひろば	フェアトレード・サマサマ
国際環境NGO FoE Japan	ECOフューチャーとっとり
中野・環境市民の会	小豆島 環境とくらしの連絡会
消費者市民社会をつくる会 Association to create a society with consumer citizenship (ASCON)	環境カウンセリング協会長崎
ACE	くまもと未来ネット

国際青年環境 NGO A SEED JAPAN	沖縄リサイクル運動市民の会
ノット・フォー・セール・ジャパン（NFSJ）	環境市民
水 Do！ネットワーク	日本フェアトレード・フォーラム
アニマルライツセンター	エシカルケータイキャンペーン
熱帯林行動ネットワーク JATAN	フェアトレード北海道
金沢エコライフくらぶ	泉京・垂井
みどりの市民	WE21 ジャパン
中部リサイクル運動市民の会	サステナビリティ消費者会議（CCFS）
グリーンコンシューマー名古屋	野生生物保全論研究会
滋賀県立大学グリーンコンシューマーサークル	浜松市消費者団体連絡会
中京区地域ごみ減量推進会議	ウータン・森と生活を考える会

出典：消費から持続可能な社会をつくる市民ネットワーク　https://cnrc.jp/members/

2016年度から以下のような企業を対象に、「持続可能な開発（社会）」「環境」「消費者」「人権・労働」「社会・社会貢献」「平和・非暴力」「アニマルウェルフェア」の7項目について公開された情報をもとに調査し、レイティングしています。

表 6-2　調査対象企業

第1回 2016年度	第2回 2017年度	第3回 2018年度	第4回 2019年度	第5回 2021年度
〈食品加工〉	〈化粧品〉	〈家電〉	〈飲料〉	〈スーパーマーケット〉
明治 HD	資生堂	シャープ	アサヒ	アークス
日本ハム	花王	ソニー	伊藤園	イオン
味の素	コーセー	パナソニック	キリン	イズミ
山崎製パン	ポーラ・オルビス	日立アプライアンス	サントリー	セブン&アイ
マルハニチロ	マンダム	三菱電機	コカ・コーラ	バロー
				ライフ
〈アパレル〉	〈宅配〉	〈外食〉	〈カフェ〉	
ファーストリテイリング	ヤマト運輸	コロワイドグループ	コメダ	

しまむら	佐川急便	すかいらーくグループ	サンマルク	
オンワードHD	日本郵便	ゼンショーグループ	スターバックス	
青山商事		日本マクドナルド	タリーズ	
	〈コンビニ〉	吉野家HD	ドトール	
	セブン・イレブン			
	ローソン			
	ファミリーマート			
	ミニストップ			

出典：消費から持続可能な社会をつくる市民ネットワーク
https://cnrc.jp/works/business-ethical-rating/

この取り組みに対する識者のコメントとして、以下のようなものが紹介されています。

> 東京都市大学の名誉教授であり日本エシカル推進協議会会長の中原秀樹氏がこう述べた。身体検査をすることによって、どこをどう改善したらいいかがわかるというものだ。
>
> もう1人の識者である損害保険ジャパン日本興亜株式会社CSR室シニア・アドバイザーの関正雄氏は、自身が企業人でもあることを述べた上で「評価の中身を開示し、企業にフィードバックをして、改善につながっていけば有効な仕組みとなる」と指摘。評価した後も企業の取り組みの進展に着目することの大切さを強調する。
>
> また「企業はまちがいなく、消費者の厳しい目によって鍛えられる。これがSDGs達成の力にもなる」とエシカル通信簿の意義を語った。

出典：IDEAS FOR GOOD　https://ideasforgood.jp/2019/04/05/ethical-ssrc/

環境 NPO は、これまでも企業活動に対する様々な働きかけを行ってきましたが、一方的な批判だけでなく、双方のコミュニケーションが重要だと考えられます。

そのほか、個別の企業と NPO が協力したり、行政も含めたパートナーシップの枠組みのなかで協力して取り組む事例もあります。

第7章

行政の取り組み１（尼崎市）

公害から環境モデル都市、そして脱炭素社会

小島寿美
上平裕子

Chapter contents

Objective

本章では、地方自治体の取り組みとして、兵庫県尼崎市の事例をご紹介します。尼崎市は、公害の経験を経て、国から環境モデル都市に、そして脱炭素先行地域に選ばれています。

1　公害のまち尼崎の再生

本書を手に取っていただいた皆さんは、「尼崎市」と言われたら、どんなイメージをお持ちでしょうか？「どこにあるの?」というような疑問でしょうか。

関西にお住まいのご年配の方ですと、もしかしたら「空気が悪い？」「工場ばかりのまち？」といった言葉が飛び出すかもしれません。では、なぜこういったイメージにつながってしまうのでしょうか。それは、尼崎市のこれまでたどってきた歴史に起因するのです。

(1) 尼崎市の歴史

尼崎市は、兵庫県の南東部に位置し、東は神崎川、左門殿川を隔てて大阪市、猪名川を挟んで豊中市と接し、北は伊丹市、西は武庫川を隔てて西宮市と接しており、南は大阪湾に面しています。

現在は、市域面積約 51㎢に、人口約 45 万人、世帯数約 21 万 8000 世帯を擁する中核市で、南部に工業地域、中央部に商業地域、北部に住宅地が広がる形で発展を続けています。平成 28 年（2016）には、市制施行 100 周年を迎えました。

図 7-1　尼崎市地図
出典：尼崎市

図 7-2　尼崎市の位置
出典：尼崎市ホームページ

(2) 工業化、都市化の進展

商都であった大阪と、国際貿易港であった神戸のあいだに位置した尼崎は、明治22年（1889）の尼崎紡績の設立を機に、工業都市化の第1歩を踏み出します。その後大正期にかけては、財閥系企業（旭硝子、横浜電線、住友伸銅所など）が相次いで進出します。さらに第一次世界大戦期の輸出経済の伸びなどを背景に、臨海部を中心とする工場建設、築港整備や発電所建設などのインフラ整備が進み、工業都市としての姿を整えていきました。

現尼崎市域の南部に会社・工場の設立が相次ぐなか、労働者を中心に流入人口も増大し、工業化とともに都市化が進みました。急激な人口増加や都市化に対応して、不足する公共用地や住宅地にあてるため、それまで残っていた尼崎城跡の堀も埋め立てられます。こうして、旧尼崎城下の近世以来のたたずまいは、学校や官公庁が集まり商業活動も活発な工業都市尼崎の中心市街地へと変貌を遂げていきます。

このように、昭和戦前期に日本有数の重化学工業都市となった尼崎は、戦時期をはさんで1950年代には戦後復興が始まり、1960年代の高度経済成長期にかけて、再び工業生産が急増します。工場数や労働者数も増大し、戦前に続く二度目の繁栄期を迎え、人口も昭和40年（1965）には50万人を突破しました。

急速な都市化に対処していくため、行政の側でも広域的な施策や都市計画が求められます。大正13年（1924）には尼崎都市計画区域が設定され、南部を工業地域、中北部と商業・住宅地域と位置づけ、市街地造成、道路敷設、港湾・河川修築といったインフラ整備が進められました。

(3) 公害問題

工業都市尼崎の臨海部には、大正期以降、住友伸銅所、久保田鉄工所、尼崎製鋼所、大谷重工業といった鉄鋼工場が集積していきます。加えて日本電力や関西共同火力の発電所が次々と建設され、昭和14年（1939）に設立された国策会社日本発送電に移管されました。この時点の現尼崎市域の火力発電所出力合計は、全国の火力発電総出力の31％、同じく近畿地方の57％を占めていました。

こうして尼崎は阪神工業地帯の中核を担う「鉄と電力の町」となり、工場と煙突の煙がまちの繁栄のシンボルとなっていきました。

その一方で、明治末期から大正期には、工場の排出ガスによる周辺の健康被害や排水による河川水質悪化が始まります。やがて昭和戦前期にかけて、工業用水くみ上げによる地盤沈下、火力発電所や工場からのばい煙による大気汚染へと公害被害が広がり、人々の健康や農業生産など生活全般に大きな影響を及ぼしていきました。

戦後の経済復興を経て、高度経済成長期には工場がさらに増え、生産が拡大するのに伴い汚染物質排出が増大。さらに交通量の増大による自動車公害が加わり、公害被害が深刻さを増していきます。

図7-3　昭和39年頃の末広町の関電尼崎第一・第二・第三発電所
出典：兵庫県発行絵葉書より

尼崎の公害は工都の歴史の負の側面であり、大きくいえば日本の産業史の陰の部分ともいえます。

昔の教科書では、「公害に苦しむ町」として取り上げられていました。このような、授業での経験や、語り継がれた尼崎市の歴史や、さらには大規模工場の発展とともに、住宅と中小・零細工場が隣接していったまちの姿が、最初にお話しした、「空気の悪いとこ？」「工場ばかりのまち？」という尼崎市のイメージにつながっているようです。

大気の汚染

第二次世界大戦以前から戦後の復興期にかけての主たる大気汚染要因

は、火力発電所や工場から排出される降下ばいじんでした。石炭を燃焼させることにより発生する、いわゆる「黒いスモッグ」です。高度経済成長期に入ると、石炭から重油へと燃料が転換することにより、これにかわって二酸化硫黄（亜硫酸ガス）の「白いスモッグ」が登場し、四日市、横浜、川崎、大阪といった工場の密集する都市において、ぜん息患者等公害病罹患者が多発するなどの被害を引き起こします。尼崎も、そういった激甚な大気汚染被害の最も集中した地域の一つでした。

写真 7-1　設置して4年目のガスメーター・大気汚染による腐食

出典：昭和43年12月、杭瀬・梶ヶ島地区にて撮影、尼崎から公害をなくす市民連絡会、加藤恒雄氏所蔵

火力発電所をはじめ、尼崎臨海部の工場が排出するばい煙は、夏季に多い南西の風に乗って、市域南東部や隣接する大阪市西淀川区を直撃しました。写真7-2は、設置してわずか4年で、大気汚染による腐食で金属部分がボロボロになったガスメーターです。

地盤沈下

工場の地下水汲み上げにより、地下の地盤が脱水収縮して発生する地盤沈下は、臨海部の工業地帯化が進みつつあった大正期にすでに始まっていた現象で、工業用水道整備と地下水汲み上げ規制の効果が現れる1960年代後半にようやく収束します。この時点までに、臨海部では累積で最大2-3mの沈下があり、16k㎡以上、市域の約3分の1が海抜ゼロメートル地帯となりました。これらの地形特性から、これまで多くの風水害が発生してきたため、昭和25年（1950）から臨海部に防潮堤を築き、大規模な水害の危険性を軽減している状態です。

また、海抜ゼロメートル地帯ということは、雨が降っても自然には海に流れていきませんので、尼崎市、兵庫県が設置しているポンプで海に流しています。

写真 7-2　末広町
火力発電所西側の道路が海に沈み、電信柱だけが水面上に残る
出典：村井邦夫氏撮影（昭和 29 年）

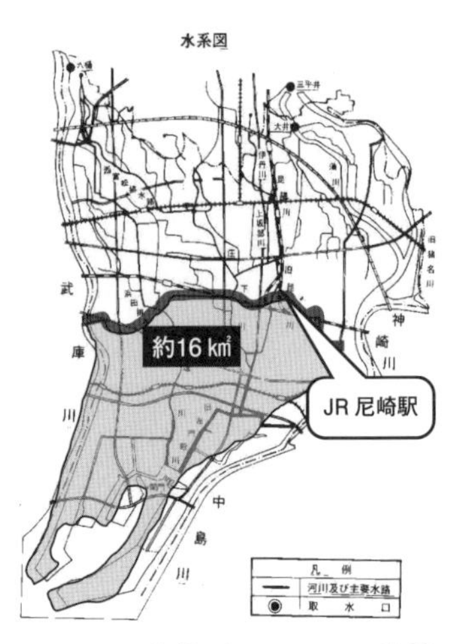

図 7-4　海抜ゼロメートル地帯
出典：尼崎市

水質の汚濁

工場排水などの流入による河川の水質汚濁も大正期以来の深刻な問題でした。

写真 7-3 は、地盤沈下のため自然流下できなくなり、流れが止まり、ゴミためのようになった大物川です。

写真 7-3　地盤沈下のため流れが止まり、ゴミためのようになった大物川
出典：市広報課撮影（昭和 40 年）

昭和 36 年から 37 年の主要河川の水質調査では、「河川の BOD（生物化学的酸素要求量）の平均値は 53ppm である」と報告されており、水質汚濁と地盤沈下が相まって河川の水質汚濁は深刻な状態でした。

騒音・振動

大阪と神戸のあいだに位置する尼崎市では、昭和元年（1926）開通の阪神国道（現、国道 2 号）に加えて、昭和 38 年（1963）には国道 43 号が開通

写真7-4　交通量の増加した国道43号
西本町付近（昭和40年）
出典：撮影者不詳

するなど、東西方向を中心に幹線道路網が整備されてきました。開通した頃の国道43号では、中央分離帯には樹木が植えられ、子どもたちの遊び場となり、夏には沿道住民が夕涼みするなど、日本一の43号線沿いに住んでいることを誇る声もありました。しかしながら、高度経済成長とモータリゼーションが進むなか、当初暫定6車線であった国道43号は、昭和43年（1968）には全線10車線の運用となり、沿線に排気ガス、騒音・振動といった過酷な道路公害がもたらされました。写真7-4は交通量の増加した43号です。道路の先はスモッグでかすんでいます。

さらに、住宅に中小・零細企業が隣接する尼崎市域においては、工場からの騒音・振動も大きな公害問題の一つでした。また、商店街や店舗からの騒音、航空機、新幹線の騒音など、高度経済成長は、新たな騒音源を生み出しました。

(4) 公害対策

高度経済成長期の尼崎において、主要な大気汚染物質の排出源となったのは臨海部に集中する火力発電所、重化学工業分野の工場群です。これに、昭和40年代後半からは、国道43号、阪神高速に代表される幹線道路の自動車交通が加わり、人口密集地域に隣接して、これらの排出源が立地したことが、尼崎市域の、特に南部における深刻な大気汚染被害につながりました。

市・市民・事業者はそれぞれの立場から、公害反対の住民運動が行政を促し、行政は公害発生源への規制を強め、事業者が大気汚染対策をすることで、被害者の救済に立ち向かいました。

尼崎市の大気汚染対策と事業者の努力

尼崎市は、昭和 32 年 (1957) に尼崎市大気汚染対策本部を設置し、国内初の大気汚染立体観測調査を実施しました。また、翌年からは国立公衆衛生院の協力を得て、大気汚染による健康被害の疫学的調査も進めました。これらの調査の結果、次ページの図のような汚染発生のメカニズムがあきらかとなり、また大気汚染と呼吸器系疾患の発生のあいだに統計的に相関関係が認められることから、市民の健康に対する大気汚染の影響が推定できるとして、様々な対策を実施していきます。

まず、昭和 34 年から市の独自施策として、汚染が予想される日には二酸化硫黄・浮遊粉じん濃度などを判断基準として汚染広報を発令し、主要石炭消費工場への排出抑制要請を開始しています。

また、昭和48年(1973)、尼崎市は「尼崎市民の環境をまもる条例」を公布・施行します。同条例には市民が健康かつ快適な生活環境を享受する権利が謳われ、事業者はこれを侵してはならず、市はその実現のためあらゆる施策を講ずる義務を有することが基本理念として定められます。

施策の面では、まず昭和 44 年、47 年と二次にわたって結んできた公害防止協定 (44 年は大気汚染防止協定) を拡充し、昭和 50 年 3 月に兵庫県とともに市内 62 社 67 工場、2 企業団地を対象とした第三次協定を締結します。従来の協定における硫黄酸化物の削減に加えて、窒素酸化物、水質汚濁、騒音・振動、産業廃棄物対策をも含む総合的な内容で、ことに窒素酸化物については、工場ごとの排出量を昭和 52 年度には対 48 年度比で 36% 削減するという、総量規制の考え方をいち早く導入した画期的なものでした。

これらの結果、昭和 50 年度には硫黄酸化物の新環境基準を国が定めた目標年度 (53 年度) より 3 年早く達成することができました。

一方、大気汚染による公害病患者救済のため、国は昭和 44 年に「公害に係る健康被害の救済に関する特別措置法」を制定し、医療費等の支給を定めたものの、尼崎市域は指定されませんでした。このため市は尼崎市医師会とも協力し、呼吸器系疾患調査の結果などをもとに、市域南部の有症者率が他の指定地域以上である実態を示して、国に働きかけ、昭和 45 年には尼崎市南東部も同法による指定を受けることができ、本市においても公害病患者救済への道が開けたのです。

図 7-5　大気汚染発生のメカニズム（冬季に多いパターン）
比較的冬季に多い、主たる汚染パターン。夜間、上空（通常 50-100m 前後）に発生した気温の高い逆転層の下に、汚染物質が滞留し広範囲を覆（おお）います。
出典：尼崎市制 90 周年記念図説尼崎の歴史

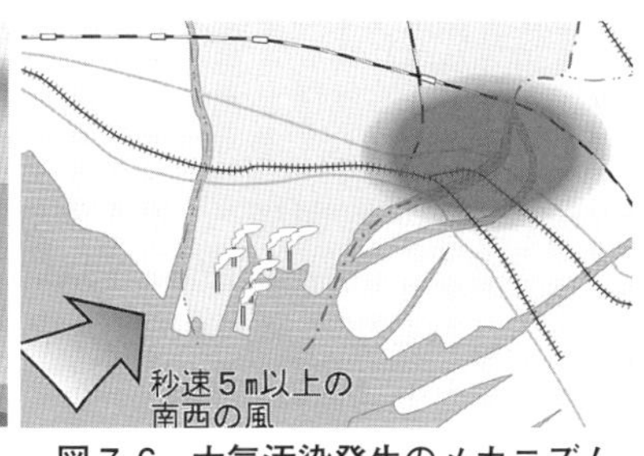

図 7-6　大気汚染発生のメカニズム（夏季に多いパターン）
南西海陸風による局地汚染。比較的夏季に多く、臨海部から排出される汚染物質が風下地域を直撃し、市域南東部から西淀川区にかけて被害が集中します。
出典：尼崎市制 90 周年記念図説尼崎の歴史

市民の闘い

このように、硫黄酸化物の新環境基準達成にもかかわらず認定公害患者数は増え続け、市域におけるぜんそくなどの公害病認定患者数は昭和 50 年代を通して 5000 人以上という高い水準を保ち続けました。こういった実情にもかかわらず、石油危機以降、国は公害健康被害補償制度見直しを進め、昭和 63 年３月１日をもって全国の大気汚染地域指定はすべて解除され、認定済み患者を除いて新たな補償は行われないことになりました。

また、大気汚染、とりわけ国道 43 号・阪神高速という２階建て道路沿線住民の被害は引き続き深刻で、市民の公害反対運動は激しさを増し、国道 43 号線道路公害訴訟（昭和 51 年提訴）や尼崎大気汚染公害訴訟（昭和 63 年提訴）といった、大気汚染をめぐる二つの公害裁判へと展開しました。

二つの裁判で原告が求めたのは、(1) 騒音・大気汚染などの公害被害について被告の責任の認定、(2) 被害差し止め（道路の場合は一定以上の被害をおよぼす道路供用の差し止め）、(3) 損害賠償でした。

これは、阪神地域における代表的な大規模公害訴訟でした。これらの訴訟において原告の主張を大幅に認めた判決が出され、あるいは和解が実現したことは全国的にも大きな意味を持ちました。とりわけ、尼崎大気汚染公害訴訟において、日本の大気汚染公害史上はじめて差し止め請求が認められたことや、被告企業の支払う和解金の一部を地域再生にあてることが和解条項に盛り込まれたことは注目に値します。

(5) 公害から環境へ「環境モデル都市尼崎」

図7-7は、尼崎の特徴的な自然と生き物です。①は、発光しながら飛翔するゲンジボタル、④は、発光しながら飛翔するヒメボタルの写真です。光り方が違います。尼崎市の北部は、昔は田園地帯でした。そこでは、ホタルも舞っていたのですが、都市化とともに絶滅しました。そこで、市民と行政の協働によりゲンジボタルを回復させました。また、都市化された尼崎において、ヒメボタルは、市民運動により残された河畔林で公害の厳しい時代も生き続けました。残されたヒメボタルの保全も、市民団体と一緒に考えていきます。絶滅から復活させたゲンジボタルと、生き続けたヒメボタル、対照的ですが、どちらも、尼崎の残された自然環境が悪化することなく維持し続けているということのバロメータです。

市内の北東部には、猪名川と呼ばれる河川が流れていましたが、堤防決壊防止のため、河川の流れを変える大きな工事が1960年代後半に行われました。その際、河川のそばに残る猪名川自然林をどうするかが問題となりました。保存を求める住民によって「猪名川の自然と文化を守る会」が結成され、動植物調査や学習会、川遊びなど猪名川の自然・歴史・文化を学び継承する活動が続けられました。

公害の発生源であった臨海部の工場地帯では、現在、森づくりが進められています。

この場所が他の緑地と違うのは植物です。ここに植える植物は、本来、尼崎市で見られる可能性のあるものだけにし、さらに、本市周辺の流域から集めた種を用いています。つまり、遺伝子のレベルまでこだわって、森を作っているという取り組みです。樹木の生育には時間がかかるので100

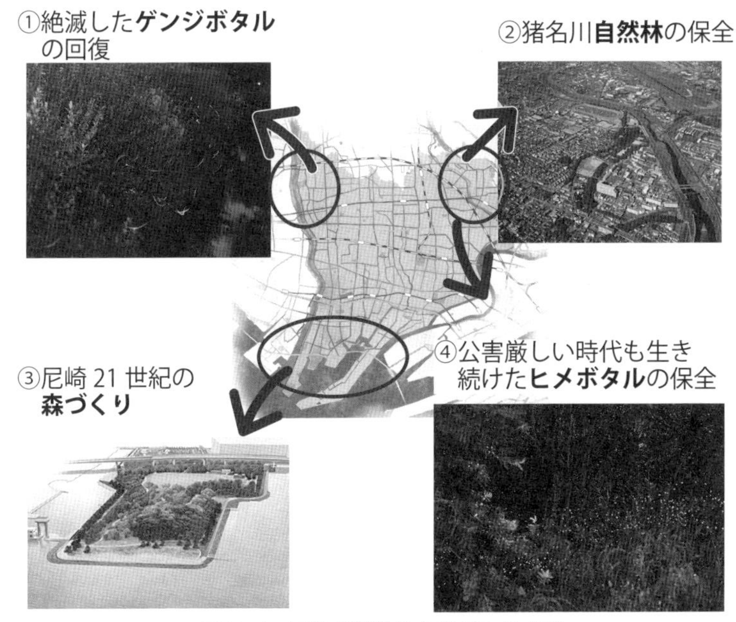

図 7-7　尼崎の特徴的な自然と生き物

①発光しながら飛翔するゲンジボタル	出典：尼崎市広報課
②尼崎市北東部上空からの写真	出典：尼崎市撮影
③尼崎の森中央緑地 100 年後イメージ図	出典：兵庫県尼崎 21 世紀プロジェクト推進室
④発光しながら飛翔するヒメボタル	出典：尼崎市本庁写真部

年かけて取り組むという壮大な構想です。

尼崎市は今も、アスベスト問題や、国道 43 号線沿道の大気環境など残された課題もありますが、市、市民、事業者がそれぞれの役割を持ちながら一体となり公害問題に取り組んできた結果、概ね環境基準に適合する状況になり、公園の設置、緑化の推進、美的・歴史的景観の保全と創出、水環境をはじめ自然とふれあえる環境づくりなどの施策が進められました。

しかしながら、実態と乖離した「公害の街」というイメージは簡単には払拭できるものではありません。そこで、市民がプライドを持って環境への取り組みを加速させるため、尼崎市は環境モデル都市へのチャレンジを行いました。

(6) 環境モデル都市尼崎

尼崎市では、市・市民・事業者がそれぞれの役割のなかで協力しながら公害問題に取り組んできた過程で、市民・事業者に高い環境意識が生まれ、地域資源や人のつながりを活かした環境のまちづくりへと活動が広がりました。

その市民活動の代表的な取り組みが、平成22年(2010)に開校した「あまがさき環境オープンカレッジ」です。

あまがさき環境オープンカレッジはその名のとおり、尼崎が好きで、環境を思う市民や、学校、企業や行政など、様々なバックグラウンドを持つ人々が集い、ともに学ぶ場です。決まりごとはたった一つ、地位や肩書、職業を超えて、この場では、皆が、自分で決めたあだ名で呼び合うこと。

環境をキーワードに、問題意識や、課題を共有しますが、誰かに強制や命令をされたわけでもなく、やらされているのでもなく、環境のためと我慢するのでもなく、まずは自分たちが楽しむ、その結果、環境に良いことをしている。そして、楽しんでいる自分たちを見て、一緒にやってみたいという仲間が増える。環境オープンカレッジは、そういった活動です。

また、尼崎市は、産業都市であるがゆえに、そして公害を経験してきた都市であるがゆえに、産業界も環境重視の将来ビジョンを産業振興の中心に置こうとしました。

そこで、尼崎の産業界5団体の代表者が一堂に会し、社会課題に沿って、持続的な発展が可能な循環型社会に向けた産業活動におけるプラットフォームを整備し、基本的な方向性を定めることから始め、今後、個別の秀逸技術のアピールを実施していこうとしました。この方向性について、市としても賛同できることから、産業界とともに共同宣言という形で平成22年(2010)に「ECO未来都市・尼崎」環境の活きづくまちは美しい宣言を、尼崎の産業界5団体(尼崎商工会議所、尼崎経営者協会、協同組合尼崎工業会、財団法人尼崎地域・産業活性化機構、尼崎信用金庫)と行いました。

一方、尼崎市においても「環境と経済の共生」に向けた施策の推進を効率的効果的に展開できる組織が必要であることから、組織改編による体制づくりを行いました。

企業に規制をかける環境部門は、それまでは、ごみ問題など生活に密着した事柄が多いということで、市民窓口などの市民サービス部門とともに「環境市民局」で所管していました。

一方、できるだけ企業活動を自由に活性化させることをミッションにした産業経済部門は、「産業経済局」で所管していましたが、持続可能な社会の構築に向け、両部門を統合し「経済環境局」を新設しました。

このような状況下、国が平成21年度（2009）から「環境モデル都市[1]」の募集・選定を開始しました。「環境モデル都市」という冠は、旧来の公害のまちという尼崎のイメージを変えていくという意味でシティプロモーション的な効果も期待できます。何より、都市イメージの向上は、尼崎への愛着と誇り＝シビックプライドを高めることになります。そこで、平成25年度（2013）、尼崎は環境モデル都市へチャレンジすることとしました。尼崎市はすでに、

- 環境を軸にした産業界や市民団体との協働の取り組み
- 規制する側の環境と、規制される側の経済を、「経済環境局」に再編し、環境と経済が共生する街を目指した、尼崎市の組織改編
- シビックプライドをかけた、これまでの官民共同による公害克服に向けた取り組み

などに市・市民・事業者がともに取り組んでおり、その過程で培ってきた、それぞれの役割のなかで同じターゲットに向かって取り組むという土俵がありました。

尼崎市の環境モデル都市の提案は、コンパクトな市域における産業機能・都市機能の集積や、過去の深刻な大気汚染や水質汚濁を市民、産業界、行政の努力により克服していく過程で生まれた高い環境意識や協働意識を

1　環境モデル都市とは、温室効果ガス排出の大幅な削減など低炭素社会の実現に向け、高い目標を掲げて先駆的な取り組みにチャレンジする都市を、国が選定するものです。

背景に取り組みを進めるというものでした。

この提案は、市民、地元産業界とが一丸となり、環境と経済の両立を目指すという、モデル性、実現可能性が高い提案であり、「産業都市の発展モデル」や「快適な都市生活モデル」として低炭素社会の構築に貢献できると高い評価を受け、平成25年（2013）3月に、国から「環境モデル都市」に選定されたのです。

2　環境問題は公害から地球温暖化へ

(1) 気候変動対策――低炭素社会から脱炭素社会へ

世界の動き

気候変動という大きな課題に対して、今、新しい考え方が出てきているのをご存じでしょうか。

「脱炭素社会」という考え方です。

これまでは、「低炭素社会」といって、CO_2などの温室効果ガス（以下「CO_2」という。）の排出量を限りなく削減した社会を目指すということが言われていました。しかし、今、家庭や事業所から排出されるCO_2の量と、森林などの吸収源が吸収するCO_2の量が等しくなる、つまり、実質的な排出量がゼロとなる「脱炭素社会」を目指すということが言われるようになってきています。

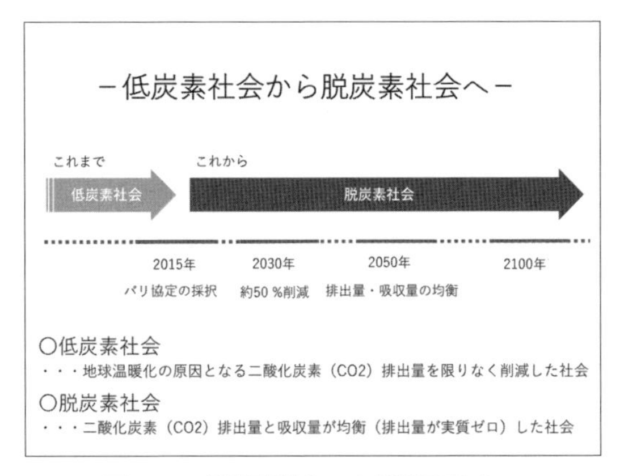

図 7-8　低炭素社会から脱炭素社会へ
出典：尼崎市

この「脱炭素社会」という考え方は、平成27年（2015）に採択された「パリ協定」をきっかけに注目され始めています。

パリ協定は、平成27年（2015）12月に、令和2年（2020）以降のCO_2排出削減などに向けた取り組みを進めるための国際的な枠組みとして採択されたものであり、工業化以前からの地球の平均気温上昇を2℃より十分下方に抑えるとともに、1.5℃に抑える努力を継続するという世界共通の長期目標が設定されました。

日本の動き

政府は令和2年（2020）10月の所信表明演説において、令和32年（2050）までに温室効果ガス排出量を実質ゼロとし、脱炭素社会を目指すことを宣言しました。

合わせて「地球温暖化対策の推進に関する法律の一部を改正する法律案」が令和3年（2021）3月2日に閣議決定され、温室効果ガスの排出の抑制等を促進する措置等により地球温暖化対策の推進を図るという元来の法目的に加え、新たに令和32年（2050）までにカーボンニュートラルを目指すという地球温暖化対策の「基本理念」規定がはじめて明記されました。

また、令和12年度（2030）の削減目標についても、平成25年度（2013）比で46%削減すること、さらに、50パーセントの高みに向けて挑戦を続けていくことを表明し、その後、米国主催気候変動サミットで世界に向けてこれを発表しました。

自治体の動き

こうした流れを受け、脱炭素社会の実現に向けて令和32年（2050）までに二酸化炭素排出量を実質ゼロとすることを表明する自治体が増えており、環境省では「ゼロカーボンシティ」として国内外に発信が行われています。また、地球温暖化による様々な影響・被害が顕在化してきている近年の状況を「気候危機」として捉え、危機を認識・共有し、対策を講じていくために、自治体が気候非常事態宣言を表明するという取り組みが広がっています。

そこで、尼崎市においても、気候変動による危機を市民や事業者の皆さんと共有するとともに、令和32年（2050）までに脱炭素社会の実現を目指し日々の行動を変えていくために、令和3年（2021）6月に「尼崎市気候非常事態行動宣言」を行い、合わせて「ゼロカーボンシティ」についても表明しました。

(2) 尼崎市気候非常事態行動宣言

宣言の概要

「尼崎市気候非常事態行動宣言」の目的は、前述のとおり、地球温暖化に起因する影響・被害により地球環境が危機的な状況にあり、地球上のすべての生き物の生存基盤が脅かされていることを認識・共有するとともに、地球温暖化の原因となっている二酸化炭素排出量を令和32年（2050）年までに実質ゼロとする脱炭素社会を実現するための行動を促していくことです。

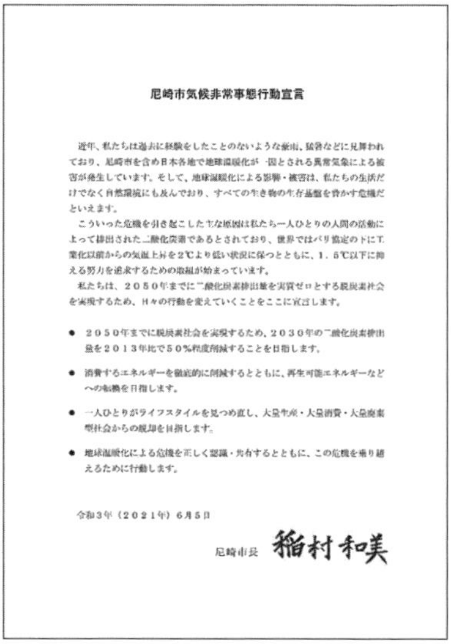

世界で多く見られるのは「気候非常事態宣言」ですが、尼崎市では、宣言するにあたって議論した結果、危機を共有するだけではなく、この状況を変えるために何が必要か、一人ひとりが自分事として考え具体的に行動することが重要と考え、あえて「行動」という言葉を加えています。

尼崎市気候非常事態行動宣言

近年、私たちは過去に経験をしたことのないような豪雨、猛暑などに見舞われており、尼崎市を含め日本各地で地球温暖化が一因とされる異常気象による被害が発生しています。そして、地球温暖化による影響・被害は、私たちの生活だけでなく自然環境にも及んでおり、すべての生き物の生存基盤を脅かす危機だといえます。

こういった危機を引き起こした主な原因は私たち一人ひとりの人間の活動によって排出された二酸化炭素であるとされており、世界ではパリ協定の下に工業化以前からの気温上昇を２℃より低い状況に保つとともに、１．５℃以下に抑える努力を追求するための取組が始まっています。

私たちは、２０５０年までに二酸化炭素排出量を実質ゼロとする脱炭素社会を実現するため、日々の行動を変えていくことをここに宣言します。

- ２０５０年までに脱炭素社会を実現するため、２０３０年の二酸化炭素排出量を２０１３年比で５０％程度削減することを目指します。
- 消費するエネルギーを徹底的に削減するとともに、再生可能エネルギーなどへの転換を目指します。
- 一人ひとりがライフスタイルを見つめ直し、大量生産・大量消費・大量廃棄型社会からの脱却を目指します。
- 地球温暖化による危機を正しく認識・共有するとともに、この危機を乗り越えるために行動します。

令和３年（２０２１年）６月５日

尼崎市長　稲村和美

図7-9　尼崎市気候非常事態行動宣言
出典：尼崎市

取り組み項目としては、まず、令和32年（2050）までに脱炭素社会を実現するため令和12年（2030）の二酸化炭素排出量を平成25年（2013）比で50％以上削減することを目指すこととしました。

さらに、宣言に基づき、以下のことに取り組むこととしました。

- 消費するエネルギーを徹底的に削減するとともに、再生可能エネルギーなどへの転換を目指します。
- 一人ひとりがライフスタイルを見つめ直し、大量生産・大量消費・大量廃棄型社会からの脱却を目指します。
- 地球温暖化による危機を正しく認識・共有するとともに、この危機を乗り越えるために行動します。

尼崎市気候非常事態行動宣言の目標についての考え方

これまで尼崎市の温暖化対策の計画において、二酸化炭素削減目標を設定する場合は、二酸化炭素排出量の削減可能量を積み上げて削減目標を設定するという考え方（フォアキャスト）に基づいて算出していました。しかし、この宣言を機に、令和32年度（2050）までに二酸化炭素排出量を実質ゼロとするために必要となる削減量を設定する考え方（バックキャスト）に転換することとしました。

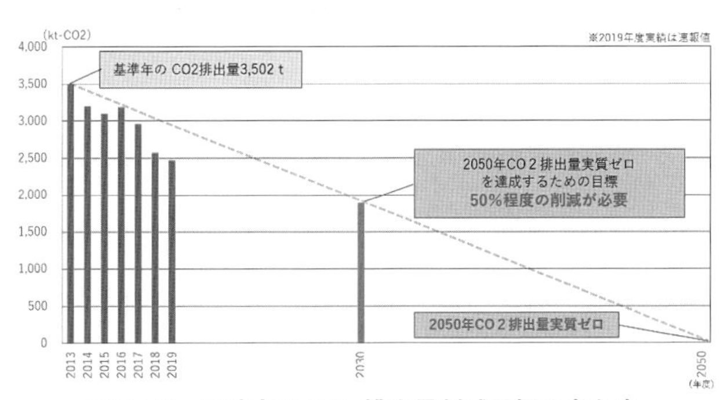

図 7-10　尼崎市の CO_2 排出量削減目標の考え方
出典：尼崎市

(3) 地球温暖化対策の取り組みを進めていく上での課題

今、わたしたちは、令和32年（2050）までに CO_2 排出量を実質ゼロにするという大きな目標に向かって取り組みを進めなければならないわけですが、どのようにして CO_2 排出量を削減すればよいのでしょうか。皆さんは

CO_2とエネルギーの関係について考えたことがありますか。私たちは、毎日の生活のなかで誰もがCO_2を排出しています。

それは、エネルギーを使うからです。エネルギーは、電気やガス、ガソリンなど、物を動かしたり、熱や光を作るために必要で、私たちの生活には欠かせないものです。

たとえば重要なエネルギーの一つである「電気」で考えてみましょう。

温暖化防止のために、電気を使わないようにしましょうということを聞いたことがあるかと思います。

では、電気を使うことが温暖化につながる理由について、答えることができますか。

石油や石炭などの化石燃料を燃やすことでCO_2が排出されるので、火力発電など化石燃料を使う方法で作られた電気を私たちが電力会社から購入して使うことで、間接的に私たちがCO_2を排出しているということになります。

一方、同じ量だけ電気を使っても、化石燃料を使わない、たとえば太陽光発電で作られた電気であれば、CO_2は全く排出されないということになります。

これまでは、地球温暖化対策といえば、使用するエネルギーの「量」を減らすいわゆる「省エネ」の取り組みが一般的でした。

しかし、今は、電気で言うと太陽光発電などCO_2を排出しない発電方法や、電力会社の選択が可能になっており、同じ量の電気を使用しても、再生可能エネルギーなどの活用により、CO_2を排出しない発電の仕方で作ら

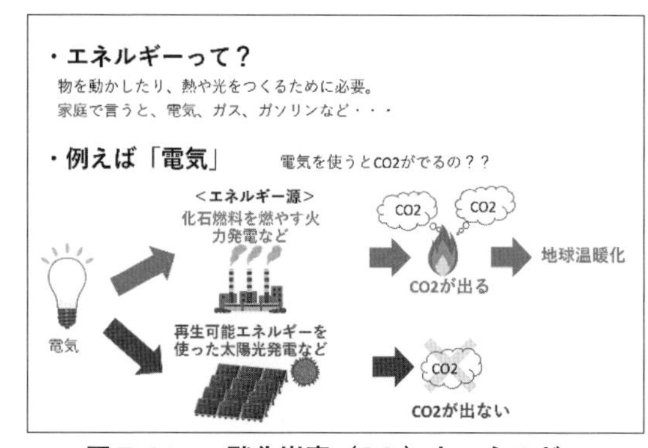

図7-11　二酸化炭素（CO^2）とエネルギー
出典：尼崎市

れた電気を選ぶことでCO_2排出量を削減することができます。

その電気がどうやって作られたのかといったことに着目し、エネルギーの「質」を良いものにすることでCO_2排出量を削減するという考え方です。

CO_2排出量を削減するには、省エネの努力によって電気を使わないことと、CO_2を出さずに作られた電気を使うこと、どちらの方法でも同じ結果ですが、これからは、どちらかだけでなく、エネルギーの量と質どちらにも目を向けて、より無駄なく効率的にエネルギーを使っていくということが必要になってくると考えており、今後の課題と捉えています。

(4) 尼崎市の取り組み

こうしたことを踏まえつつ、尼崎市では、様々な温暖化対策の取り組みを行っています。

電子地域通貨「あま咲きコイン」を活用したクールチョイス推進事業

省エネ家電の買い替えやバスによるエコ通勤などの、省エネ行動などを行った市民などに対して、その行動によるCO_2削減量に応じた電子地域通貨あま咲きコインを付与する取り組みです。あま咲きコインは市内の加盟店で1ポイント1円で利用できる電子地域通貨で、皆さんにコインをためて使っていただくと、地元商店などの活性化にもつながるという、CO_2削減と地域経済の活性化の一石二鳥を狙った取り組みです。

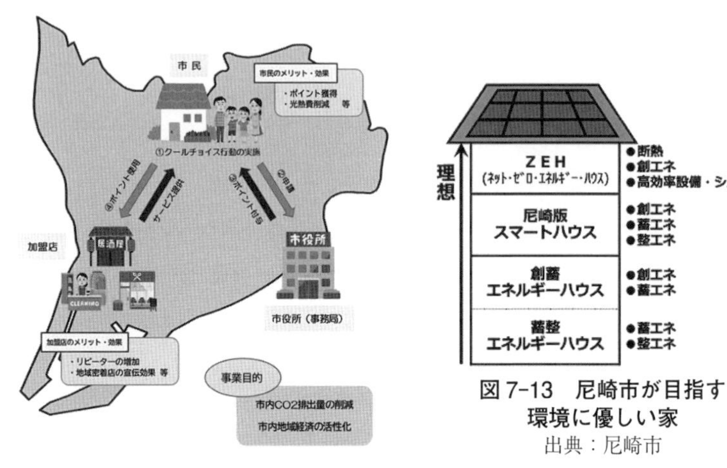

図 7-12　あま咲きコインを活用した
クールチョイス推進事業スキーム図
出典：尼崎市

図 7-13　尼崎市が目指す
環境に優しい家
出典：尼崎市

表 7-1　あま咲きコイン付与の対象となる行動

クールチョイス行動		CO2 削減量	付与ポイント（通常）	付与ポイント（2倍時）
省エネ家電買い替え	空調を省エネ性能☆5機種へ更新	230 kg/年	2,500	5,000
	冷蔵庫を省エネ性能☆5機種へ更新	290 kg/年	3,000	6,000
	テレビを省エネ性能☆5機種へ更新	87 kg/年	900	1,800
エコ通勤	バス定期券新規購入（新規・尼崎特区6か月に限る）	290 kg/6月	3000/6月	-
学習	環境学習参加	2 kg/回	20	-
うちエコ診断	うちエコ診断の受診	100 kg/年	1,000	-
電気の選択	CO2フリー電気の契約・利用	90 kg/月	900/月	-

出典：尼崎市

尼崎版スマートハウス普及推進事業

断熱性能を高めることや、空調などの機器を省エネ性能の高いものにすることに加えて、太陽光パネルなどで創った電気を家庭で上手に使うことで計算上 CO_2 を出さない「ZEH」という家や、CO_2 ゼロまではいかなくても、太陽光パネルやエネファーム、蓄電池などをうまく組み合わせて導入する場合に補助を行うことで、市内にエネルギーを効率よく賢く使える家を増やそうという取り組みです。尼崎市の特徴としては、単なる市民向け補助ではなく、建売住宅等を建設する事業者も補助対象としたことです。建設段階からこうしたZEHやスマートハウスを積極的に手掛ける事業者の増加を狙っています。

尼崎版SDGsスマートマンション推進事業

開発業者などが市内でマンション建設を行う際に、マンション全体でエネルギーを管理することでCO_2排出を抑制する環境面の取り組みに加え、経済面、社会面の課題解決につながる取り組みも合わせて実施する場合、つまり、SDGsの達成に資する環境・経済・社会の３要素をすべて備えたマンションを建てる場合に、「SDGsスマートマンション」として認定し、補助金を交付して支援する新しい取り組みです。令和２年６月、第１号として、野村不動産㈱が手掛ける阪急塚口駅前の建て替え事業を認定しました。今後も２号、３号と、こうしたマンションが増えることで、効率的なエネルギー利用のできる都市へと転換していけるよう、積極的に事業者に呼びかけていきたいと思っています。

図7-14　尼崎版SDGsスマートマンション認定ロゴマーク
出典：尼崎市

エネルギーの地産地消促進事業

エネルギーの地産地消は、地域に必要なエネルギーを、再生可能エネルギーなど地域のエネルギー資源によって賄うというもので、尼崎市では、尼崎市のクリーンセンターでごみを燃やした時に出る廃熱を利用して発電した電気を、小売電気事業者を介し、CO_2フリーのクリーンな電気として市内の事業者に供給するという新たな取り組みを始めています。

この取り組みにおいては、市とともに事業を推進する小売電気事業者が必須となることから、公募型プロポーザル方式によって選定された（株）エネットをはじめとするNTTグループ4社、尼崎信用金庫と協定を締結し、事業を進めています。

令和3年（2021）4月から、公共施設の一部や、市内の事業者向けにこの電気の供給を開始しており、この電気の需要家となる事業者には、たとえば省エネ設備の導入やテレワークの推進といった、事業者自身が行う脱炭素経営やSDGs経営に向けた取り組みなどを、協定締結事業者とともに、総合的に支援していきます。

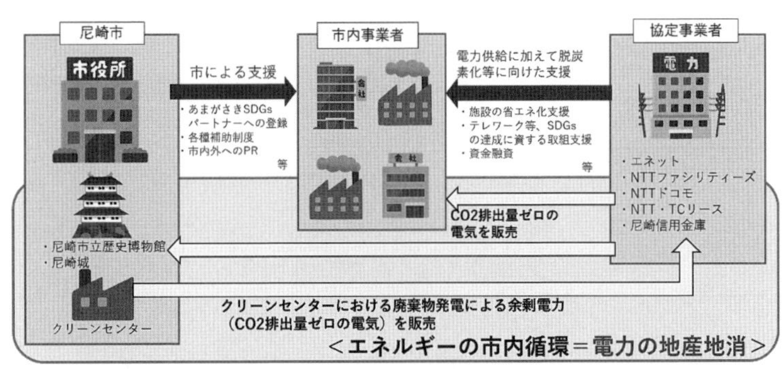

図7-15　尼崎市エネルギーの地産地消促進事業スキーム図
出典：尼崎市

給水機設置によるマイボトルの普及促進事業

市内に給水機の設置を促進し、誰でも自由に利用できる給水スポットとして整備することで、マイボトル持参をきっかけとしたプラスチックごみの削減や地球温暖化対策に向けた意識を醸成し、行動変容につなげていく取り組みです。また、夏場の熱中症対策にもなるなど、「温暖化対策」「ごみの削減」「健康増進」など複数の課題の同時解決にもつながりSDGsのゴール達成にも資する取り組みであると考えています。

この取り組みを進めるにあたり、尼崎市はウォータースタンド（株）とプラスチックごみの削減の推進に関する協定を締結しました。この協定により、官民連携の取り組みとして、公共施設や民間施設において同社の水道直結式給水機を設置しています。

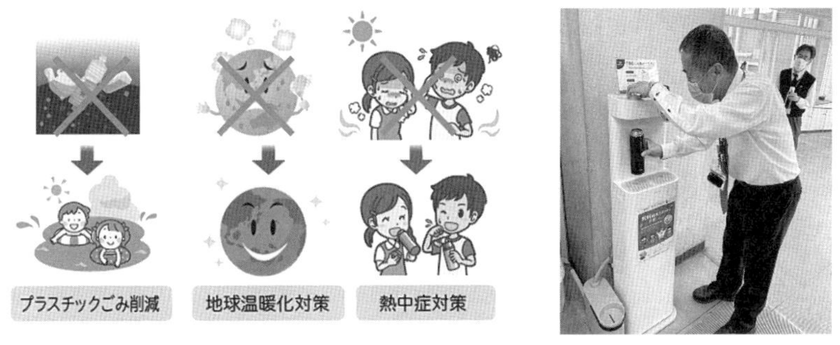

図7-16 給水スポットの整備による効果と利用の様子
出典：尼崎市

あまがさき環境教育プログラムの作成、実施

これまでの公害から環境モデル都市への歩みをまとめ、さらには今の課題である地球温暖化やごみ減量に向け、児童一人ひとりが自分で考え行動するために、小学校4-6年生の授業で活用できる「あまがさき環境教育プログラム」を作成しています。4人の「エコあまレンジャー」という独自のキャラクターを用いた尼崎市オリジナルテキストを活用しながら、動画やクイズを通して地球温暖化やごみの減量について学び、家庭で実践することで行動につなげます。この教育プログラムを希望する小学校で実施しており、今後、すべての市立小学校での実施を目指しています。

図7-17 あまがさき環境教育プログラム テキスト
出典：尼崎市

(5) 尼崎市が考えるこれからの気候変動対策

実際の取り組みをいくつか紹介させていただきましたが、どんな感想をお持ちでしょうか。何か、気づくことはありましたか。ご紹介した取り組みはいずれも、多様な主体が連携し合って成立している取り組みになっていたかと思います。環境分野に限ったことではありませんが、近年、市・市民・事業者といった立場、役割に縛られることなく、それぞれの強みを活かしてうまく連携した取り組みが求められています。社会のシステムが高度化し、複雑に絡み合って構築されている今、行政だけでできることは少なく、また、環境分野だけでできることも少なくなっているのが現状です。

こうしたなか、SDGsの考え方にも共通しますが、気候変動対策という一つのゴールを目指すにも、経済・社会・環境を不可分なものとして捉え、様々な主体が関わって統合的な取り組みを進める必要性が高まっています。行政の役割は、その核となり「つなぐ」ことではないかと感じています。

そこで最近の取り組みをご紹介します。令和4年(2022)、国が募集する「脱炭素先行地域」に応募し、選定されました。阪神電鉄が運営する阪神タイガースのファーム施設が尼崎市南部に移転・整備されるという計画があり、これを期に阪神電鉄とも協議のうえ、共同して脱炭素に資するプランを練り上げました。令和12年(2030)のゼロカーボンを目指して、具体的な取り組みを今後、進めていく予定です。このような民間企業などとの連携が、今後の脱炭素社会の実現に向けて、重要な鍵になると感じています(「脱炭素先行地域」については第2章参照)。

もう一つ、重要な視点があります。先ほど出てきましたZEHなどが良い例かもしれませんが、気候変動対策については、こうした科学技術の進歩というものがやはりとても重要で、脱炭素社会の実現には大きな技術革新が欠かせないと言われています。

尼崎市も、国や県とともにそのような技術開発に取り組む企業を支援するような取り組みも進めていきたいと考えています。

しかし、私たちは、そうした技術革新をただ待っているだけでいいのでしょうか。新しい技術が出てきても、それが社会に広く普及しなければ大きなCO_2排出量の削減は望めません。

そのためには、私たち一人ひとりが、こういった脱炭素社会に向けた社会の動きや影響を正しく理解し、日々の行動・選択に反映させていくという小さな一歩を踏み出すことがとても大切になります。

地球温暖化は、いまだに解決できていない難問です。この難しい課題の解決に挑戦していくためには、こうした「エネルギー」の「賢い」利用の仕方とは何かということを問い続ける姿勢が必要となります。

尼崎市は、市、事業者、市民が、それぞれの持つエネルギーを活かしながら、日々のエネルギーの使い方を意識し、より一層連携協力して「脱炭素なまちあまがさき」を目指していきます。

第8章

行政の取り組み２（湖南市）

自然エネルギーを活用したさりげない支えあいのまちづくり

池本未和

Chapter contents

Objective

滋賀県湖南市においては、地域の資源である自然エネルギーを活用した取り組みを進めています。地域内でエネルギー事業を起こし、域外へ流出するエネルギー費用の最小化により、経済循環を生み出し、持続可能なまちづくりに市民や事業者等の皆さんと取り組み、環境省が提唱する地域循環共生圏[1]や SDGs への貢献を目指しています。

この章では、当市における自然エネルギーを活用した取り組み、市民共同発電所と自治体地域新電力会社「こなんウルトラパワー株式会社」を核とした地域自然エネルギーの地域循環政策の推進について、これまでの事業背景や市のエネルギー政策、自治体地域新電力事業等について紹介をさせていただきます。

1　地域循環共生圏についてはこちらをご参照ください。
https://www.env.go.jp/seisaku/list/kyoseiken/index.html

1　湖南市の概要

湖南市は滋賀県南部に位置し、大阪、名古屋から100km圏内にあり、近畿圏と中部圏をつなぐ広域交流拠点にあります。南端に阿星山系を、北端に岩根山系を望み、これらの丘陵地に囲まれて、地域の中央を野洲川が流れています。野洲川付近一帯に平野が開け、水と緑に囲まれた自然環境に恵まれた地域です。

名神高速道路の開通に伴い、栗東インターチェンジなどに近接する立地条件を利用して昭和43年に県内最大の湖南工業団地が造成されました。

また、国道1号とJR草津線が地域を東西に貫いており、さらに、国道1号バイパスが建設中であり、本市内の区間は供用が開始されています。鉄道に関しては石部駅、甲西駅、三雲駅の3駅が設置されています。これらの交通基盤を利用して京阪神都市圏への通勤通学に利便性が高く、ベッドタウンとしての住宅地開発が進んできた地域です。

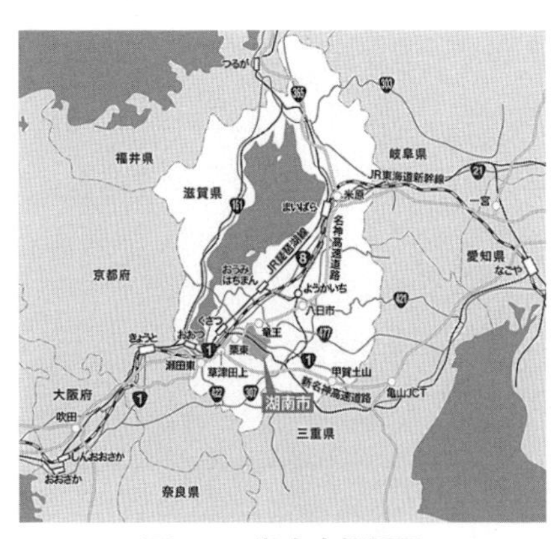

図8-1　湖南市概要図
出典：湖南市

湖南市の概要

位置　東西：9.7km
　　　南北：12.3km
行政面積　70.40km²

人口　54,607人
世帯　24,305世帯
（令和3年（2021年）9月現在）

合併　平成16年（2004年）10月1日、旧石部町と甲西町の2町が市町村合併

2 エネルギー事業の背景

(1) 事業型市民共同発電所「てんとうむし１号」の取り組み

1997年、京都議定書が採択された年に、全国でも初となる事業性を持った市民共同発電所「てんとうむし１号」が稼働しました。

当時、補助金等を受けずに市民らが自ら「地球温暖化防止のために自分たちでできる行動を！」と出資して太陽光発電を設置した取り組みで、現在も稼働しています。

このてんとうむし１号をきっかけに、全国へ市民共同発電所の取り組みが拡がっていきました。

写真8-1 てんとうむし１号
出典：湖南市

てんとうむし１号の概要

設備費用	4,000,000円
出資金額	3,600,000円
出資金単価	200,000円/口
出資口数	17口
出資者数	13人＋３グループ
補助金	なし
設備容量	4.35kW
分配年額	4,000円

(2) 緑の分権改革事業

本市においては、2011年度総務省の緑の分権改革調査事業のなかで、地域にあるもの（人、資金、食料、エネルギー、歴史、文化など）を活かした地域循環システムの構築に取り組んできました。

緑の分権改革は、総務省で2009年度からスタートした事業で、都市部に集中する社会構造を「地域の自給力と創富力（富を生み出す力）を高める地域主権型社会」への転換を図るという事業です。

市の緑の分権改革プロジェクトでは、全国初となる事業型市民共同発電所「てんとうむし１号」の取り組み、また、発達支援システムを取り入れた障がい者福祉の施策があるなか、これらを活かして福祉を軸とした地域自立・循環システムの構築を目標とし、地域の資源を活かした域内循環の取り組みを進めてきました。

3　湖南市のエネルギー政策

(1) 湖南市地域自然エネルギー基本条例制定 ——全国初のエネルギー条例

緑の分権改革事業で地域の資源を活かした域内循環の取り組みを進めるなか、地域に降り注ぐ太陽光等自然エネルギーは、地域固有の資源であり、地域に根ざした主体が地域の発展に資するように活用するためには一定のルールが必要と考え、2012 年 9 月に湖南市地域自然エネルギー基本条例(以下、エネルギー条例)を制定しました。

条例は、その目的として、地域の自然エネルギーは地域固有の資源であるとの認識のうえ、地域経済の活性化につながる取り組みを推進し、地域社会の持続的な発展に寄与することとしています。

基本理念として、経済性に配慮しつつ活用を図ること、地域の発展に資するように活用することとし、地域内での公平性および他者への影響に十分配慮することとしています。

市や事業者、市民の役割を明文化しており、それぞれ市は人材育成、市民、事業者の支援を図ることとし、事業者は効率的なエネルギーの需要と供給に努めること、市民は知識の習得と実践を図ることとしています。

また、市は、学習の推進を図ることとしており、自然エネルギーなどに関する市民連続講座を定期的に開催しています。2012 年度から 2020 年度まで約 80 回の勉強会等を実施し、延べ約 3000 人が参加しました。

写真 8-2　親子エコものづくり講座の様子
出典：湖南市

写真 8-3　SDGs 出前講座の様子
出典：湖南市

(2) 湖南市地域自然エネルギー地域活性化戦略プラン ——エネルギーを地域内で流通

エネルギー条例に掲げる理念に沿って、地域資源を活かした自然エネルギーの積極的な活用に取り組み、地域が主体となった持続的発展可能な地域社会構築のための戦略を示すことを目的に、湖南市地域自然エネルギー地域活性化戦略プラン（以下、エネルギープラン）を策定しました。

地域に存在する自然エネルギーを地域内で流通させることは、これまで市外に流出していた資金を地域内に還流させるものであり、地域経済の活性化に寄与するとともに、エネルギーの自給力の向上にもつながると考えています。

エネルギーと経済の循環による地域活性化の推進、自立分散型のエネルギーの確保、地球温暖化防止への貢献を基本方針とし、エネルギーの流出の最小化を図ることを目指しています。

現在は、第二次の計画期間であり、SDGs の経済、社会、環境的視点からプランの基本方針を定めています。

SDGs の経済的視点・社会的視点・環境的視点からプランの基本方針を定めています。

●地域自然資源を活用したエネルギー・経済の循環による地域活性化の推進（経済的視点）

地域固有の資源である自然エネルギーの活用を通して、エネルギーの循環だけでなく、
その利益の地域循環や、エネルギーの地産地消、市民・事業者の交流を促進することにより、
地域活性化を推進します。

【関連の深い持続可能な開発目標（SDGs）のゴール】

8　9　12　16　17

●地域資源との関わりを見つめ直し、誰もが参画できるまちづくりの推進（社会的視点）

市民の暮らしや地域産業に密接に関係するエネルギーについて、地域資源との関わりを
見つめ直すとともに、地域主導による自然エネルギーの導入に向けて、子どもや女性、
障がい者など誰もが参画できる自然エネルギーによるまちづくりを推進します。

●強靭と脱炭素を両立した持続可能なまちづくりの推進（環境的視点）

これらの取組を通じて、誰もがエネルギーに困ることなく、安全に暮らすことができ、
強靭で持続的発展が可能な社会の実現と地球温暖化防止をはじめとする地球環境保全への
貢献をめざします。

図 8-2　第二次湖南市地域自然エネルギー地域活性化戦略プラン

出典：湖南市

(3) 自治体地域新電力事業の背景

湖南市域におけるスマートエネルギーシステム構想検討事業として、スマートエネルギーシステム導入や自治体新電力事業の事業可能性調査を行いました。

この検討結果から、自治体が取り組む地域新電力事業は、電力の地産地消に加え、地域活性化、地方創生に資する事業であると判断し、自治体地域新電力事業に取り組むこととなりました。

4　自治体地域新電力事業の概要

2016年5月に、湖南市、パシフィックパワー株式会社、湖南市商工会、甲西陸運株式会社、タカヒサ不動産株式会社、西村建設株式会社、美松電気株式会社、株式会社滋賀銀行の合計8者で官民連携により「こなんウルトラパワー株式会社」を設立しました。エネルギープランに掲げる基本方針を事業目的とすることについても、市内の出資会社に賛同をいただきました。

事業内容は、小売電気事業のほかに熱供給および熱利用事業、また利益を活用し、新事業やまちづくり事業等地域振興に関する事業を担い、地域の活性化に寄与することとしています。

また、市と相互に連携し、地域の資源を活用した地域活性化の推進に資するため、包括的連携協定を締結し、同年10月から電力小売事業を開始しました。

会社名	こなんウルトラパワー株式会社
資本金	11,600千円
所在地	湖南市中央一丁目１番地１　湖南市商工会内
出資者	湖南市　パシフィックパワー株式会社 湖南市商工会　甲西陸運株式会社 タカヒサ不動産株式会社　西村建設株式会社 美松電気株式会社　株式会社滋賀銀行
役員	代表取締役社長　生田　邦夫　（湖南市長） 代表取締役副社長　芦刈　義孝　（パシフィックパワー株式会社 企画部長） 取締役　上西　保　（湖南市商工会長） 監査役　境　和彦　（滋賀銀行甲西中央支店長）
設立日	平成28年(2016年) 5月31日
供給開始	平成28年(2016年)10月
事業目的	湖南市地域自然エネルギー地域活性化戦略プランに掲げる基本方針の実現 ○エネルギー・経済の循環による地域活性化 ○自立分散型のエネルギー確保 ○地球温暖化防止への貢献
主な事業内容	・小売電気事業 ・熱供給及び熱利用事業 ・新事業やまちづくり事業等地域振興に関する事業
市と包括的連携協定	相互に連携し、地域の資源を活用した地域活性化の推進に資するため、包括的連携協定を締結

図8-3　こなんウルトラパワー株式会社概要
出典：湖南市

(1) 小規模分散型市民共同発電プロジェクト

エネルギープランに基づき、地域にある自然エネルギーを活用した持続可能なまちづくりに向けて、市民を中心に、事業者や大学等の研究機関、金融機関、行政が相互に連携を図りながら協働して取り組みを進めています。

一般社団法人コナン市民共同発電所プロジェクトが事業主体となり、市民出資による地域商品券配当型の市民共同発電所が、4基稼働しています。

これらの発電所は、市民等の出資や寄付参加により太陽光発電設備を設置し、自治体地域新電力会社のこなんウルトラパワー㈱へ売電を行い、その売電益の配当を出資者へ地域商品券で行っています。

2013年度から、市民共同発電所の売電益の配当をきっかけに、商工会の商品券発行事業がスタートしました。当初の商品券使用可能店舗は、80店舗でしたが、敬老祝い金や自治会での利用、国のプレミアム商品券事業等で拡がり、2020年度末では、商品券使用可能店舗は約180店舗に拡がり、5500万円を超える累計発行額となっています。

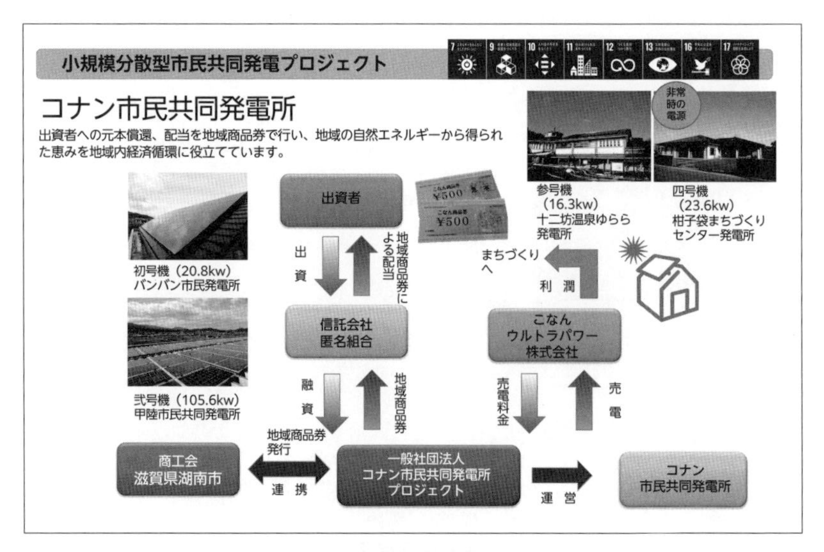

図8-4　市民共同発電スキーム

出典：湖南市

地域の自然エネルギーから、得られた恵みで地域内の経済循環の一役を担っていると考えています。

(2) イモエネルギー活用プロジェクト

福祉事業者等で組織された「こなんイモ夢づくり協議会」が、棚を用いた空中栽培方式でサツマイモを栽培し、これらを活用した芋エネルギーの実証や農福連携事業に取り組んでいます。

こなんウルトラパワー株式会社が、農福連携事業を持続可能な活動につながるスキームに組成するため、ソーラーシェアリングによる太陽光発電を設置しました。同協議会と連携しながら、農福連携事業の支援に関わることにより、地域の資源を活用した障がい者等の社会参画機会の創出に取り組んでいます。

作業所通所者がサツマイモの苗植えや、水やり、収穫などに取り組んでおり、活動の場が増えたといった喜びの声も上がっています。

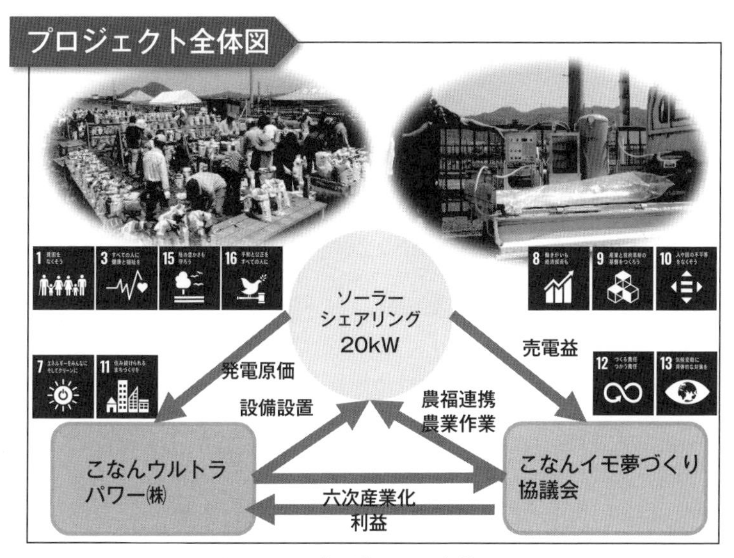

図8-5 プロジェクト全体図
出典：湖南市

(3) 公共施設の脱炭素化プロジェクト

こなんウルトラパワー株式会社が公共施設等のエネルギー使用状況を詳細に把握できることから、施設の省エネ化に対し、省エネ設備を導入し、省エネサービス事業を展開しています。

今後、エネルギーを主眼に置いた効率的な公共施設の維持管理について検討し、公共サービスを維持しながらコストの縮減と脱炭素化を両立すべく、施設の指定管理者らと連携しながらより良い公共施設運営に取り組み、後述のシュタットベルケ構想につなげていきたいと考えています。

公共施設の脱炭素化プロジェクト

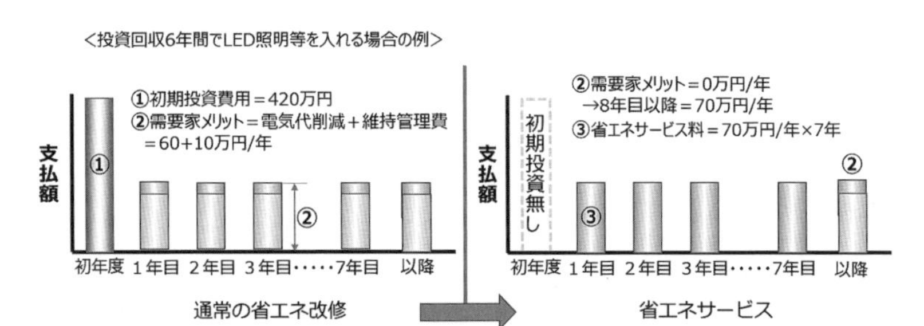

図 8-6　省エネサービススキーム①
出典：こなんウルトラパワー株式会社

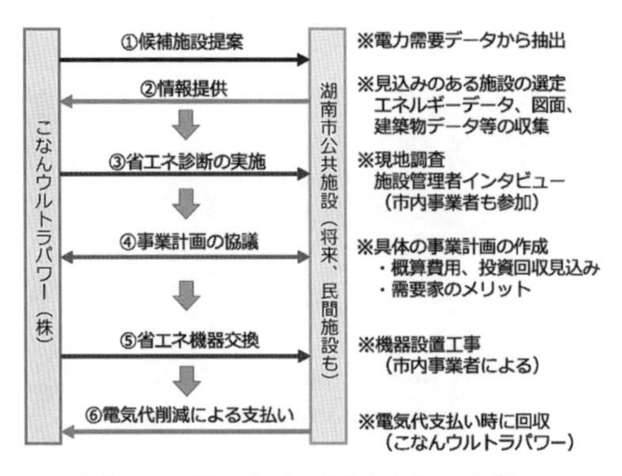

図 8-7　省エネサービススキーム②
出典：こなんウルトラパワー株式会社

写真 8-4　中学校体育館への LED 照明導入
出典：湖南市

(4) グリーンボンドを活用した再生可能エネルギー等事業

こなんウルトラパワー株式会社の収益を活用（調査検討・計画・事業の自己資本として）するとともに、グリーンボンド等の ESG 投資を活用した資金調達により、財源を確保しています（年間 5000 万円程度の資金調達を図る）。

2018 年度に自治体新電力会社として初めてとなる「こなんウルトラパワーグリーンボンド 1 号」（発行額 1.1 億円）を発行し、湖南市内の物流センター 2 件の屋根置き型太陽光発電事業（273kW、266kW）および市内の学校施設 4 校の照明 LED 化事業を展開しています。

2019 年度においては、引き続き「こなんウルトラパワーグリーンボンド 2 号（発行額 6000 万円）を発行し、市内小学校および竜王町の小学校と図書館で省エネサービス事業を展開しており、2 年連続の資金調達となり、継続した事業展開に育ちつつあるとともに、はじめて他市町との広域連携による取り組みとなり、今後も周辺市町との連携事業の展開を図ることとしています。

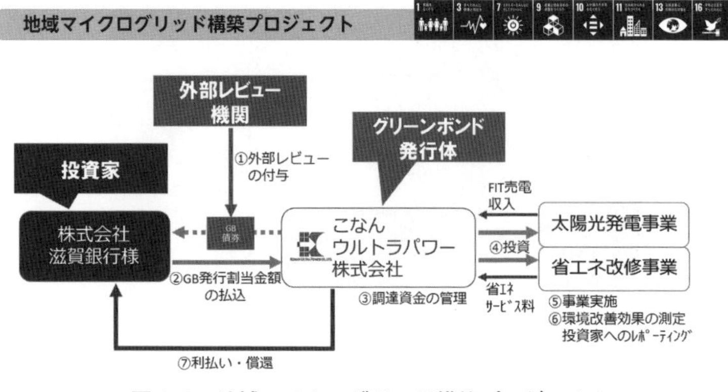

図 8-8　地域マイクログリッド構築プロジェクト
出典：湖南市

5　SDGs 未来都市認定

内閣府が進める地方創生に向けたSDGs推進事業において、本市の提案内容が自治体によるSDGsの達成に向けた優れた取り組みであると評価され、2020年度の「SDGs未来都市」に選定されました。

本市の提案内容

「さりげない支えあいのまちづくり こなんSDGs未来都市の実現（湖南市版シュタットベルケ構想）」

こなんウルトラパワーを核とした地域循環共生圏の実現に向けて、官民連携の自然エネルギー導入プロジェクトの実施、地域経済循環の創出、多様な主体との連携により地域の活力を創生し、未来を創造するさりげない支えあいのまちづくりの実現を目指すこととしています。

(1) ゼロカーボンシティ宣言

本市は、SDGs未来都市に選定された都市として、市民や事業者の皆さんとともに、脱炭素社会の実現に貢献するため、2050年までに市内のCO_2排出量実質ゼロを目指す「ゼロカーボンシティ」へ挑戦することを宣言しました。

その後、2022年11月には環境省が進める「脱炭素先行地域」の選定を受け、2030年のゼロカーボンを目指す取り組みもスタートさせました。

こなんウルトラパワー株式会社を核として、省エネルギー、自然エネルギーの導入を官民連携により取り組み、脱炭素化に貢献していきます。

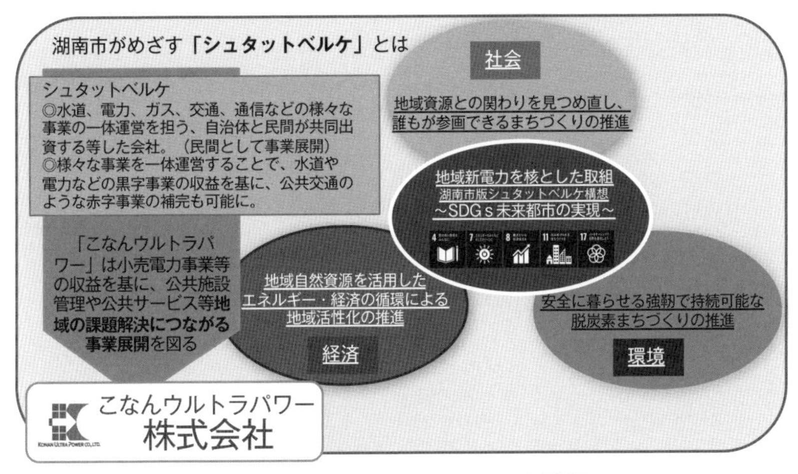

図8-9 湖南市のシュタットベルケ構想
出典：湖南市

6 まとめ

本市においては、地域資源を活用した取り組みにより、地域経済の循環を起こし、地域活性化を進めています。

太陽光を活用した市民出資による市民共同発電所事業は、地域商品券での配当等を行うことにより、地域経済循環の一助となっています。

自治体地域新電力のこなんウルトラパワー株式会社は、地域企業が参画し、官民連携により設立にいたり、小売電力事業や省エネルギーサービス事業など地域の脱炭素化に取り組んでいます。

このように、地域において、地域資源を活用した取り組みを進めるには、地域に根ざした様々な主体の参画が大切であると考えます。

そうしたことからも本市においては、こなんウルトラパワー株式会社が、地域の脱炭素化の担い手になると考えています。

地域に密着した小売電力事業を核として、地域資源である自然エネルギーを活用することで地域循環共生圏の実現とSDGsに貢献し、シュタットベルケ構想の実現により脱炭素化や地域経済活性化を目指し、官民が連携して協働で取り組みを進めていきます。

第9章

企業とSDGs

下司 聖作

Chapter contents

1　企業を取り巻く社会の変化
2　企業にとってのSDGsとは未来からのアプローチ
3「SDG Compass」の概要
4　SDGs 五つのステップ
5　企業の取り組み紹介

Objective

SDGsは国際目標であり、企業にも貢献することを求められていますが、法的拘束力はありません。むしろ、貧困や環境問題に取り組むことは企業にとって一見コストがかかることでもあります。しかしSDGsに取り組む企業は年々増加しています。

この章では、企業が、なぜ義務でもないSDGsに取り組むのか、その理由を解説していきます。

1　企業を取り巻く社会の変化

企業はこれまで、消費者のため、地域社会のため、そして環境との共生のために求められる製品・サービスの提供をしてきました。しかし、昨今の少子高齢化による人材不足や消費者ニーズの多様化などにより、売上拡大や事業承継において課題を抱えています。さらにこれからは、IT化の進展・エネルギー転換・さらなる消費者ニーズの変化に伴い、大きな変化に対応しなくてはいけません。

そのようななか日本の企業数は、2015年末の約400万社から2040年末には約300万社へと減少すると予想されています。

企業が生き残り、発展していくためには、これまで関係ないと思っていたような社会の動きに関心を持ち、先を読むことによって、これまでの経済活動の前提であった生活様式や消費行動、働き方などが変わっていくのを認識していくことが必要です。

環境制約下に描かれる2030年の社会の姿から、長期的な視点で自社の将来を考え、持続的な発展につながる経営と事業展開を図る必要があります。

2　企業にとってのSDGsとは未来からのアプローチ

SDGsとは2030年の世界を先に見せることにより、企業が進むべき方向を明確にし、バックキャスティングで今何をやるべきかを事業計画に組み込むために作られたものです。

そして、事業計画に組み込むための手順は「SDG Compass」に書かれています。

未来の世界がどうなるかわかっていると企業は事業計画を立てやすいですね！ 考え方は次のとおりです。

⑴ 2030年の世界はすでに決まっています。

SDGs17個の目標、169個のターゲット、232個の指標

⑵ 2030年のゴールにたどり着くためのレールも引かれています。
SDG Compass　五つのステップ
⑶ 企業は自社マテリアリティ（重要課題）を五つのステップに沿ってSDGsと融合させます。

このようにSDGsを活用することで、企業は次のようなメリットを得ることができます。

①企業のブランディングに効果的

SDGsは、貧困や健康、教育、気候変動、環境劣化など、企業にとって関連のある広範な課題を扱うので、事業戦略を地球的優先課題につなげることに役立ち、その戦略、ゴール、活動などを立案し、運用し、周知し、報告するうえで、それら全体を包括するフレームワークとして活用することができます。

②ビジネスチャンスにつながる

SDGsは、地球規模の公的ないしは民間の投資の流れを、SDGsが代表する課題の方向に転換することを狙いとしています。そうすることにより、革新的なソリューションや抜本的な変革を進めていくことのできる企業のために、成長する市場を明確にしています。

企業は、環境コストなどの外部性が益々内部化されるに伴い、SDGsは企業が資源をさらに効率的に利用し、より持続可能な代替策に転換するようなインセンティブを強化します。

③ステークホルダーとの関係性向上

SDGsと経営上の優先課題を統合させる企業は、顧客、従業員、その他のステークホルダーとの協働を強化できる一方、統合させない企業は、法的あるいはレピュテーションに関するリスクに益々さらされるようになります。

SDGsに取り組むことは、ルールに基づく市場、透明な金融システム、腐敗がなく、良くガバナンスされた組織など、社会と市場が安定し、ビジネスの成功に必要な柱を支援することになります。

企業は、SDGsが提供する共通の行動や言語の枠組みを使うことで、その影響やパフォーマンスについて、効果的にステークホルダーと意見交換を行うことができるようになります。

④ ESG投資が重視されるなか、資金調達が有利になる

近年ESGを考慮した投資が重視され、拡大しています。

SDGsの17の開発目標には、貧困や飢餓をなくすことだけでなく、気候変動への対策や海の豊かさ、陸の豊かさを守ることなど、環境問題への対策も多く含まれています。SDGsに取り組むことは環境や社会、あるいはその両方に貢献することとなります。

企業が環境や社会に配慮し、CSRを果たすことはESG投資と言われる資金調達の観点からも非常に有利となります。

3 「SDG Compass」の概要

(1) SDG Compassは、企業がいかにしてSDGsを経営戦略と整合させ、貢献を測定し管理していくかの指針です。発行にあたってはGRI、国連グローバル・コンパクトおよび持続可能な開発のための世界経済人会議（WBCSD）が開発。世界中の企業、政府機関、教育研究機関、市民社会組織と協議した結果を盛り込んでいます。

(2) SDG Compassは、すべての企業が、関連する法令を遵守し、最小限の国際標準を尊重し、優先課題として、基本的人権の侵害に対処する責任を認識していることを前提としています。

(3) SDG Compassは、企業がSDGsに最大限貢献できるよう五つのステップで構成されています。

企業は、その中核的事業戦略が持続可能性を確保するうえでどのあたりに位置しているかを勘案し、その戦略の方向を決定し、調整していくために、この五つのステップを適用しています。

(4) SDG Compass は

- 大きな多国籍企業に焦点をおいて開発されたものです。
- 中小企業、その他の組織も、新たな発想の基礎として使用することが期待されています。
- 個々の製品や拠点、部門レベル、さらには特定の地域レベルにおいても適用できます。

4　SDGs 五つのステップ

SDG Compass は、五つのステップで構成されています。

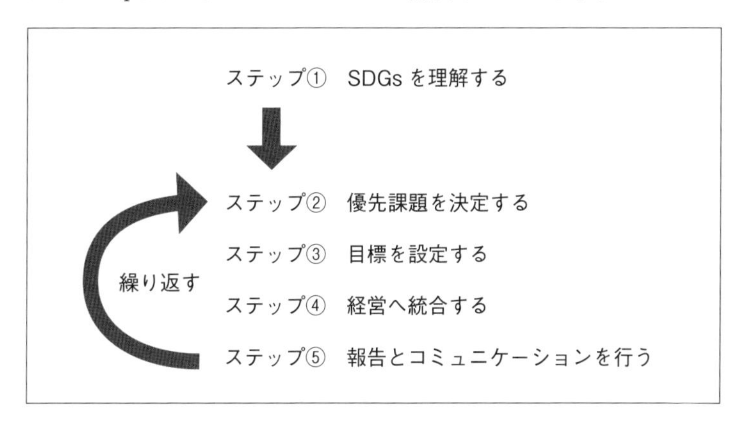

図 9-1　SDGs 五つのステップ
出典：SDG Compass をもとに作成（http://www.sdgcompass.org/）

以下、ステップごとに解説していきます。

(1) ステップ①　SDGs を理解する

① SDGs とは何か

SDGs は、MDGs を継承しつつ、貧困撲滅のために取り組まなければならない課題をより広く捉えた開発目標です。さらに、持続可能な開発の経済的、社会的、環境的側面に横断的に関わる課題を広く包含しています。

社会のあらゆるセクターおよび世界各地から 寄せられた意見を広く取

り入れており、包摂的な過程を経て策定されたものです。

② 企業がSDGsを利用する理論的根拠

企業はSDGs達成のために様々な方策を考え、実行することにより、新たな事業成長の機会を見出し、リスク全体を下げることができます。企業の戦略、目標、活動などを立案し、運用し、周知し、報告するうえで、それら全体を包括するフレームワークとしてSDGsを利用します。

③ 将来のビジネスチャンスの見極め

持続可能な開発の実現を目指すうえで、地球規模の課題は、革新的で有効な解決策を見出し、それを実現する力を持つ企業にとっては市場開拓の機会になります。

- 再生可能エネルギー、エネルギー蓄積、環境配慮型建物、持続可能な輸送の促進に資する革新的な技術
- 情報通信技術（ICT）とその他の技術を活用した排出量および廃棄物の少ない製品
- 貧困層の生活の改善につながる、大規模な市場や未開拓の市場における製品・サービス需要の充足

国際的な公共・民間投資が、SDGsの実現に向けて方向転換されることで、持続可能で包摂的なビジネスモデルを通して関連技術や解決策を提供しようとしている企業にとって、さらなる市場の拡大や資本へのアクセスの緩和が可能になります。

④ 企業の持続可能性に関わる価値の増強

企業はバリューチェーンに持続可能性への配慮を組み込むことで、売上の向上、新規市場の開拓、ブランド力の強化、操業効率の向上、製品イノベーションを促進、従業員の離職率引下げ等により、自社の価値を保護・創造することができます。

- 企業は今後、税金、罰金、その他課金システムの導入で、現在の外部不

経済を内部化することになります。このことは、資源の有効活用、持続可能性のある手段への転換など経済的誘因策をさらに強化します。

- 特に若い世代は、責任ある包摂的な事業行動を重んじる傾向にあります。企業が持続可能性を伴う行動を実践することは、「企業間の人材争奪戦」を制する主要な要因として注目を集めています。企業がSDGsに寄与する行動を取れば、従業員の労働意欲、協働、生産性向上させることができます。
- 商品購入を決める際、その企業が自社活動に持続可能性を伴わせることに積極的か否かを判断材料にする消費者が増えています。SDGsはこの潮流を加速させます。

⑤ ステークホルダーとの関係の強化、新たな政策展開との歩調合わせ

企業が自社の優先課題をSDGsに整合させることができれば、法的リスクやレピュテーションリスクを負うことなく、顧客、従業員、その他の様々なステークホルダーとより良い関係を構築することが可能になります。

- ステークホルダーとの信頼関係の強化
- 操業についての社会的容認の拡大
- 法的リスク、レピュテーションリスク、その他リスクの軽減
- 今後の法整備により発生し得るコストの高騰や制約に対する対応力（レジリエンス）の構築

⑥ 社会と市場の安定化

社会が機能しなければ企業は成功できません。SDGs達成のための投資は、事業成功への後押しとなります。

- 世界中の何十億もの貧困層を救済することで市場を拡大
- 教育を強化することで熟練性と忠実さを有する従業員の育成
- ジェンダー格差の解消および女性の地位向上の促進をすることで、「実質的な成長市場」の創造
- 地球の許容力に見合った経済活動を展開することで、企業にとって生

産に必要な天然資源を持続的に確保
- ルールに基づく貿易・金融システムを促進することで、事業活動において発生し得るコストやリスクの軽減

⑦共通言語の使用と目的の共有

SDGsは、共通の行動枠組みと言語を定義しています。企業はSDGsに関し、ステークホルダーとより継続的・効果的に対話をすることができます。

SDGsは、統一的に認識が共有された優先課題および目標を提供します。従ってSDGsは、企業と政府、市民社会団体、ほかの企業との連携強化に役立ちます。

⑧企業の基本的責任

企業による人権の尊重は、「国連グローバル・コンパクトの10原則」の「国連ビジネスと人権に関する指導原則」にて改めて主張され、詳細に述べられています。

人権を侵害しないこと、そして、自社活動あるいは取引関係を通じて関与した人権危害に対処することは、すべての企業が果たすべき基本的責任とされています。

この責任は、企業が人権の促進および持続可能な開発に向けた活動を行っているとしても、相殺はできません。

「国連ビジネスと人権に関する指導原則」は、企業は、自社の操業やバリューチェーンにおいて人権に不利益な影響が及ぼされる場合、まずは潜在的な負の影響の重大性つまり、影響がどれほど深刻となり得るか、どれほど拡大し得るか、どれほど是正するのが困難か、などに基づき全面的に措置を取るよう努めるべきであると述べています。

企業にとって得になろうとコスト増になろうと、人権を侵害するような影響やリスクは、何をおいても対処されるべきです。人権侵害は、往々にして企業活動全体へのリスクとなるケースも多く、人権への影響が深刻である程、企業活動へのリスクが大きくなります。

(2) ステップ② 優先課題を決定する

SDGsについての理解が進んだら、次は自社の優先課題を決定します。

SDGsでは17のゴールに対してそれぞれ複数のターゲットがありますが、一つの企業がそのすべてに対処できるわけではありません。まずは特に自社に関連のある項目をいくつかピックアップします。

事業内容のマテリアリティ（重要課題）を分析し、バリューチェーンにおけるSDGsのマッピングをすることで、適切なターゲットを見つけていきます。

たとえば、製造過程で多くの二酸化炭素を排出してしまう企業は、生産技術の開発などで二酸化炭素を削減や、従業員全員による省エネ活動を行うことで環境配慮を進めることができます。

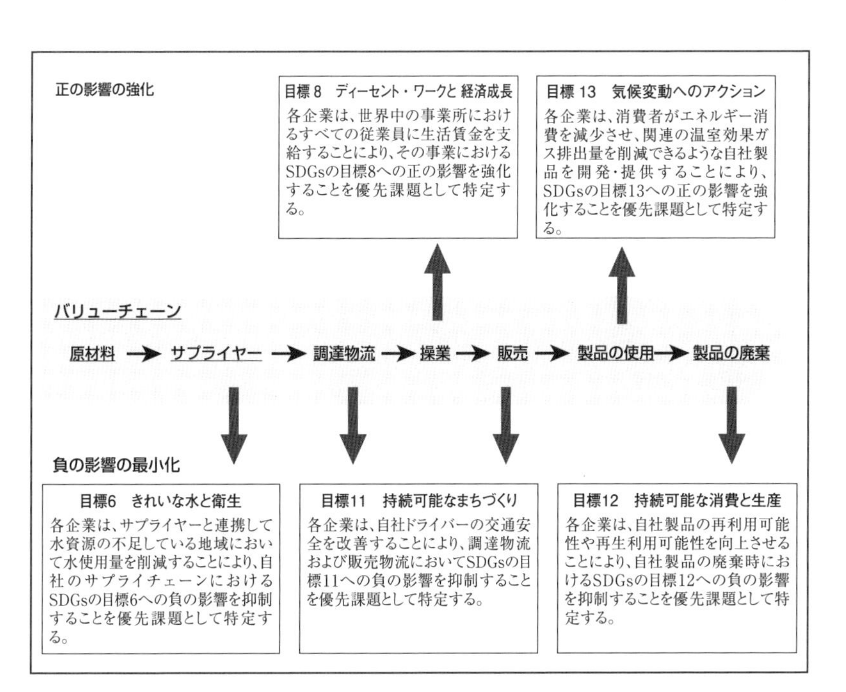

図9-2　実例：バリューチェーンにおけるSDGsのマッピング
出典：SDG Compassをもとに作成（http://www.sdgcompass.org/）

また誰もが働きやすい環境を整えるために、労働環境を見直す取り組みを進めることも重要です。

このように事業活動のなかでSDGsの価値観と照らし合わせてより良くしていくべき点を洗い出してみます。そのなかで特に事業と関連の深い点や社会的な関心の高い点を検討し、優先して取り組むべき分野を絞っていきます。

バリューチェーンにおける影響が大きい領域をマッピングするツール

- ライフサイクルアセスメント（LCA）
- 環境を含めたインプット／アウトプット（EEIO）
- 温室効果ガスのスコープ3評価に関する規則
  （GHG Protocol Scope 3 Evaluator）
- 社会的ホットスポットに関するデータベース
  （Social Hotspots Database）
- 人権および国別企業ガイド
  （Human Rights and Business Country Guide）
- WBCSDのグローバル・ウォーター・ツール（Global Water Tool）
- 貧困問題に対するビジネスの影響を評価するツール
  （Poverty Footprint Tool）

(3) ステップ③　目標を設定する

優先課題が決まったら、どこまで取り組むのか具体的な目標を設定します。

SDGsは、17個の目標と169のターゲットについて具体的な数値目標が決められています。

目標が数値化されているのは、進捗状況も見やすくなるからです。

企業は決まった優先課題に対して具体的な目標値を公表することでステークホルダーに対し約束し、協力も得られるようになります。

目標を設定するにあたっては、KPI（主要業績評価指標）を定め「経営業績にどのような影響を与えるのか」という視点が重要です。意欲的な長期的指針、中期的・短期的な期限を明確化します。

環境配慮に関する項目は、目先の収益に囚われず、広い視野で考える必要があります。

目標を明確にすることにより、新たな商品の開発やイノベーションにつながっていきます。

企業が目標を設定するにあたり、現在および過去の業績を分析し、今後の動向と道筋を予測し、同業他社を基準に評価するのが、これまでの企業のあり方であった。しかし、そのような目標の一体的な影響では、グローバルな社会的、環境的な課題に十分対処することはできません。

SDGsは、世界レベルにおいて望まれる到達点に関する前例を見ない政治的合意であり、企業にとっても広範な持続可能な開発の課題の違いを超えて同様のアプローチを採用する機会を提供するものです。

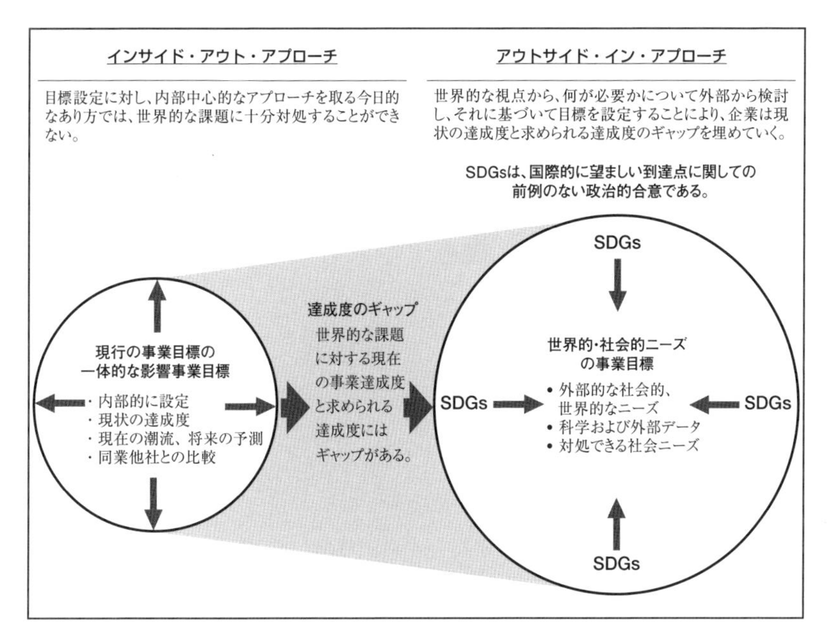

図9-3　実例：目標設定アプローチの採用
出典：SDG Compassをもとに作成（http://www.sdgcompass.org/）

それは、SDGsというあるべき姿に基づいて各企業が意欲度を設定し、その業界、立地、規模に基づいて各企業の「応分の負担」を決定することを意味します。

このプロセスにおいては、様々な課題が存在するものの、SDGsに連動した目標設置に対する様々な「アウトサイド･イン」のアプローチは、今後、持続可能性における企業のリーダーシップを規定していく一つの要因となります。

事業目標の設定に対する「アウトサイド・イン」のアプローチを推進・支援する取り組みが増えています。

- Science Based Targets Initiative（科学的根拠に基づきCO_2排出量削減を求める国際イニシアチブ）
- Future-Fit Benchmarks（未来に合ったベンチマーク）

企業による意欲度の設定は、時間軸を十分に確保すれば、発信するメッセージも強くできます。たとえば、「2030年までに自社のエネルギー需要を100%再生可能エネルギーで賄う」という目標は、「2025年までに75%再生可能エネルギーで賄う」という目標よりもメッセージ性が強くインパクトがあります。

(4) ステップ④　経営へ統合する

いよいよ、実際に経営に統合していくステップです。

経営者はリーダーシップを発揮し、事業を進めるうえで、設定した目標がなぜ重要なのか、どのような価値を生み出すのかといった点を明確にし、組織としての共通の理解が重要になります。

- 特に事業として取り組む根拠を明確に伝え、持続可能な目標に向けた進展が企業価値を創造すること、またそれが他の事業目標に向けた進展を補完することについて共通の理解を醸成させます。
- 部門や個人が当該目標の達成において果たす具体的な役割を反映した

特別報償を設けるなど、持続可能な目標を全社的な達成度の審査や報酬体系に組み込みます。

目標の達成にあたっては、持続可能性を専門とするチームや専門家が果たす役割も重要であるが、持続可能性を事業戦略、企業風土および事業展開に組み込むには、研究開発部、事業展開部、供給管理部、事業部、人事部等の全ての部門が取り組む必要があります。

また、より大きな成果を上げるためにはパートナーシップも重要です。SDGsは、共通の目標・優先課題群の下にパートナーを結集させる力を持っている。実効性のある持続可能な開発のパートナーシップを構築するためには、関係者の強いコミットメントが求められます。

パートナーが目指すべきは、共通の目標の設定、それぞれのコア・コンピタンスの活用、プロジェクトにおける政治的色彩の除去、明確なガバナンス体制の整備、単一のモニタリング体制の構築、影響の重視、今後の資源需要の予測およびナレッジ・マネジメント手法の確立などがあります。

- バリューチェーン・パートナーシップ
  バリューチェーン内の企業が相互補完的な技能・技術・資源を組み合わせて市場に新しいソリューションを提供します。
- セクター別イニシアチブ
  業界全体の基準・慣行の引き上げと共通の課題の克服に向けた取り組みにおいて、企業同士協力しあいます。
- 多様なステークホルダーによるパートナーシップ
  行政、民間企業および市民社会組織が力を合わせて複合的な課題に対応できます。

組織としての持続可能な開発に関する戦略の策定・実施を推進するため、部門横断的な持続可能性に関する協議会、委員会またはプロジェクトチームを設立します。ガバナンス体制に取締役会レベルの委員会では、持続可能性の優先課題に特化した戦略的な検討を行うための時間が確保されるため、事業への統合が加速します。

(5) ステップ⑤　報告とコミュニケーションを行う

SDGsの具体的な取り組みを始めたら、定期的な報告やコミュニケーションが重要となっていきます。

多くのステークホルダー（政府やNPO、消費者）が、企業のSDGsへの取り組みに関心を払っているなか、TCFD（気候関連財務情報開示タスクフォース）など情報開示の要求も増えており、SDGsに関する取り組みを内外に報告する重要性はますます高まっています。

SDGsは言わば、報告における共通言語です。それは持続可能な開発に

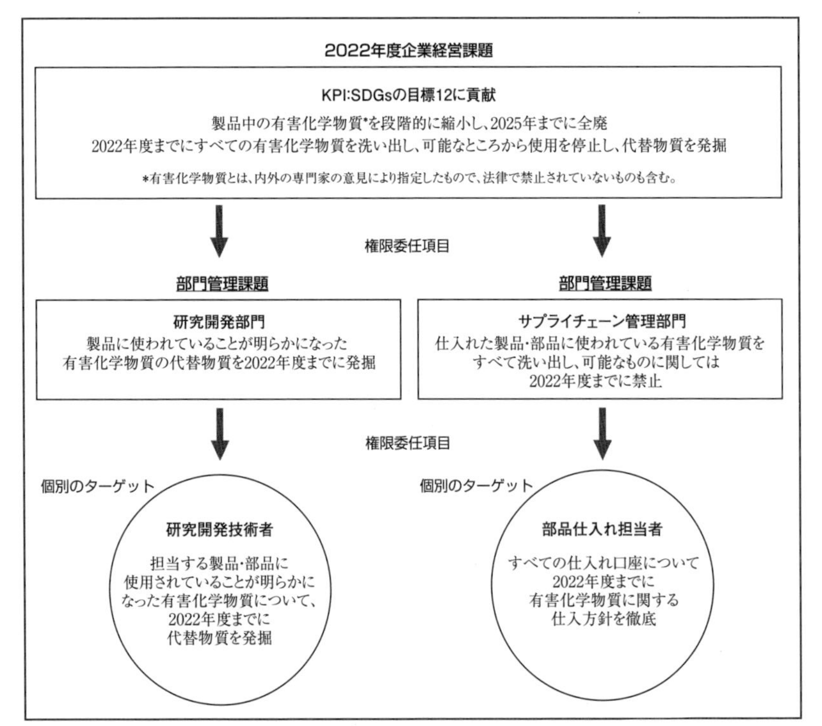

図9-4　実例：組織に持続可能な目標を組み込む
出典：SDG Compassをもとに作成（http://www.sdgcompass.org/）

関する共通の枠組みであり、持続可能な開発の達成度について企業が様々な発信手段を用いて行う、開示の内容の種類や報告内容の優先順位を付けるあり方の方向性を決定するうえでも役立ちます。

設定した優先課題項目に対して、進捗状況や達成度などを具体的に報告することで、どのように社会への責任を果たしているのかを周知できます。効果的な報告により企業の評価や信頼度が高まり、新たな投資や協働につながる可能性も高まります。

(6) まとめ

五つのステップは決して直線的なものではなく、施策を進めながら前のステップに立ち返り、再検討しながら進めていっても問題ありません。トライアルアンドエラーを重ねて改善していくことが大切です。

一番大切なポイントは、自社の経営理念や事業内容に沿った目標や活動を選択するということです。

事業とは別枠で社会貢献活動をすることがSDGsの取り組みだと勘違いしている人は多いです。

新しい技術を取り入れたり商流を変えたりすることで持続可能なビジネスにつなげることが、本来のSDGsの理念に沿った取り組みです。本業で取り組むことが大切です。

SDGsは地球上の多様な課題に焦点を当てています。ですから自社の理念や事業に合った目標が必ず見つかるはずです。そもそも日本企業には「三方良し」といった考え方が根付いていて、SDGsとの親和性が高いのです。経営方針に沿って取り組めばSDGsも同時に達成できます。

SDGsを推進するにあたってはコミュニケーションが重要です。なかでも、最も重視すべきは社内コミュニケーションです。組織全体でコミットするためには、経営層だけでなくすべての従業員が正しくSDGsの価値観を理解し、それぞれの業務に落とし込んで取り組んでいかなくてはいけません。

自社がSDGsを推進する目的は何なのか、どのような取り組みを行うのか、達成すべき目標は何か、といった情報を社内で共有し、全社的な共通認識を築き、日々の仕事が社会の発展や地球への貢献につながっているという理解が広まれば、従業員のモチベーションも高まります。自社が社会課題の解決のための一翼を担っているのだという認識を共有するためにも、社内コミュニケーションが重要です。

5　企業の取り組み紹介

企業はSDGs達成への取り組みを公開しています。毎年更新されるので二次元バーコードを読み取ってご覧ください。

ここに紹介する企業は、特に先進的な取り組みをしていると環境省より認定されたエコ・ファースト企業です。

株株式会社川島織物セルコン「こだわりのものづくり」
https://www.kawashimaselkon.co.jp/csr/policy.html

株式会社クボタ「地球と人の豊かな未来へチャレンジ」
https://www.kubota.co.jp/sdgs/

株式会社滋賀銀行「しがぎんSDGs宣言」
https://www.shigagin.com/about/sdgs.html

株式会社島津製作所「持続可能な地球、未来のために」
https://www.shimadzu.co.jp/environment/

株式会社スーパーホテル「lifestyles of Health and Sustainability」
https://www.superhotel.co.jp/sdgs/

三洋商事株式会社「環境問題も社会課題も〝楽しんで〟取り組む。」
https://sanyo-syoji.co.jp/csr/

住友ゴム工業株式会社「ESG経営の推進」
https://www.srigroup.co.jp/sustainability/index.html

積水ハウス株式会社「「わが家」を世界一幸せな場所にする」
https://www.sekisuihouse.co.jp/company/sustainable/

ダイキン工業「地球に対する価値創造」
https://www.daikin.co.jp/csr/company/valuecreation

大和ハウス工業株式会社「儲かるからではなく、世の中の役に立つからやる」
https://www.daiwahouse.com/sustainable/sdgs/

東洋ライス株式会社「無洗米宣言」
https://www.toyo-rice.jp/about/csr/

リマテック株式会社「Innovation for the Earth」
https://www.rematec.co.jp/rematec/csr/report/

第10章

企業の取り組み

持続可能な開発目標（SDGs）時代のビジネス サステナビリティ（CSR）調達

真次 成昌

Chapter contents

Objective

企業は、SDGsの高まりも受けて、CSR四つの柱である職場における責任、サプライチェーン・製品における責任、社会における責任、環境における責任を含む活動がさらに求められるようになってきています。また、企業は、自社だけでなく自社サプライチェーンのコンプライアンス、環境、人権、労働環境等への配慮を行うことも重要になってきています。この章では、SDGsゴール12「つくる責任つかう責任」を中心に、企業の社会的責任（CSR）と調達管理（CSRサプライチェーン・マネージメント）の取り組みについて紹介します。

なお、本章の見解は、一企業や一団体の公式意見を述べているわけではありませんのでご留意ください。

1　企業をとりまく世の中の動き

(1) 世界は予言どおりに動いています

アメリカ環境学者であるデニズ・メドウズ氏が、1972 年に「ローマクラブ成長の限界」を発表し、人口増加や環境汚染の現在の傾向が続けば、100 年以内に地球上の成長は限界に達すると警鐘を鳴らしていました。そこで、オーストラリアの物理学者グラハム・ターナー氏が、1970 年から 2000 年までの 30 年間分の答え合わせをしたところ、シナリオの予測値と実測値がほぼ重なり、予言どおりに進んでいることが判明しました。多くの方々は、現在気候変動で何らかの異変を感じておられるのではないでしょうか。持続可能性に配慮しない経済活動を行うことは、地球資源を枯渇させ、気候変動や人権問題、そして格差をひきおこしていきます。このまま何もしなければ、予言どおり、2030 年頃に経済破綻と人口減少が起こり人類は終焉を迎えてしまうことになりかねません。取り返しのつかないことになる前に、将来世代のために、何ができるか考えていった方が良いでしょう。

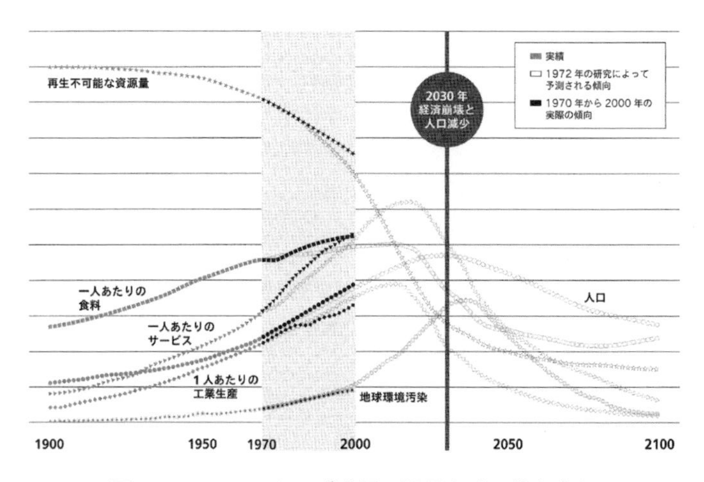

図 10-1　ローマクラブ成長の限界とその答え合わせ
出典：基本解説そうだったのか。SDGs（SDGs 市民社会ネットワーク）

(2) 日本でエコ・ファースト認定制度の誕生

環境保全の取り組みは個社だけで行うのは大変困難となるでしょう。また、どういう取り組みを行えば良いのか悩むことも多々あります。そのため、2008年4月にスタートした「エコ・ファースト制度」は、環境大臣より認定を受けた企業がエコ・ファーストの約束を行い、取り組む内容を情報公開しています。

その約束を行った企業は、2022年11月現在、合計54社にのぼり、1社毎に公開されています。内容詳細は、環境省ホームページ（https://www.

表10-1 日本の環境大臣によるエコ・ファースト認定企業一覧（2022年11月現在）

株式会社ビックカメラ	ユニー株式会社
キリンホールディングス株式会社	ライオン株式会社
株式会社 LIXIL	積水ハウス株式会社
日産自動車株式会社	株式会社滋賀銀行
NEC パーソナルコンピュータ株式会社	リマテックホールディングス株式会社
三洋商事株式会社	住友化学株式会社
全日本空輸株式会社	SOMPO ホールディングス株式会社
ダイキン工業株式会社	株式会社タケエイ
株式会社電通	東京海上日動火災保険株式会社
住友ゴム工業株式会社	株式会社資生堂
株式会社ノーリツ	日本航空株式会社
株式会社川島織物セルコン	株式会社クボタ
株式会社熊谷組	戸田建設株式会社
ワタミ株式会社	辻・本郷税理士法人
富士通株式会社	株式会社一条工務店
株式会社エフピコ	株式会社スーパーホテル
株式会社ブリヂストン	株式会社リクルート
大成建設株式会社	ブラザー工業株式会社
アジア航測株式会社	西松建設株式会社
アスクル株式会社	清水建設株式会社
大和ハウス工業株式会社	東洋ライス株式会社
株式会社八十二銀行	佐藤工業株式会社
株式会社島津製作所	大東建託株式会社
株式会社ネクシィーズグループ	楽天グループ株式会社
サンヨーホームズ株式会社	ソフトバンク株式会社
株式会社バルニバービ	ライク株式会社
東急建設株式会社	日本道路株式会社

出典：環境省

env.go.jp/guide/info/eco-first/index.html）より確認できます。

エコ・ファースト制度とは？

- 企業が環境大臣に対し、地球温暖化対策、廃棄物・リサイクル対策など、自らの環境保全に関する取り組みを約束する
- その企業が、環境の分野において「先進的、独自的でかつ業界をリードする事業活動」を行っている企業（業界における環境先進企業）であることを、環境大臣が認定する

という制度です。企業の各業界における環境先進企業としての取り組みを促進することを目的としています。認定を受けた企業は、エコ・ファースト・マークを使用することができます。（環境省 HP より引用）

(3) 国連グローバル・コンパクトの誕生

1980年から1990年、世界のグローバル化が進むなか、格差が深刻化し、それに起因する紛争や貧困が発生することで世界的な格差が拡大していきました。

1999年、コフィー・アナン前国連事務総長がダボス会議で、「世界共通の理念と市場の力を結びつける道を探りましょう。民間企業の持つ想像力を結集し、弱い立場にある人々の願いや未来世代の必要に応えていこうではありませんか。」と提唱しました。

2000年、ニューヨーク国連本部でグローバル・コンパクトが正式に発足。「持続可能な社会」を作るため、企業もグローバル課題の解決に関与を開始することになりました。

国連グローバル・コンパクトの10原則は、図10-2のとおりです。原則1と2は、人権原則の起源であり、企業に対して人権に対する配慮を呼びかけているものであり、社会の一人ひとりに責任があるということを前提に不変的な価値を守るように呼びかけています。原則3-6は労働原則の起源であり、職場での基本原則となり企業にとっては課題にもなっています。原則7-9は環境原則であり、企業にとって取り組むべき出発点であり

課題にもなっています。原則 10 は、本質的に誤った行いを防止することであり、立場の弱い人々を苦しめないようにする必要があります。

図 10-2　国連グローバル・コンパクト 10 原則

出典：国連グローバル・コンパクト・ネットワーク・ジャパン（GCNJ）

(4) 企業・団体の国連グローバル・コンパクト署名

日本では、2000 年に UNGC（国連グローバル・コンパクト）が制定されて以降、キッコーマンが日本署名第 1 号となりました。2006 年に PRI（国連責任投資原則）制定が行われ、ESG 情報が投資判断に使われるようになりました。ブラック企業を締め出そうという考えです。2010 年に、ISO26000 社会的責任に関する国際規格が誕生。世界で持続可能性に関する統一基準が求められるようになりました。

さらに、2015 年に、国連ビジネスと人権に関する指導原則、SDGs 持続可能な開発目標が発表されました。2017 年に、調達に持続可能性を融合させる手引書である国際規格「ISO20400」が完成し、持続可能性に配慮することが一層求められるようになりました。

そして、日本でもゲームチェンジが起ころうとしています。まずは、2020 年の東京オリンピック・パラリンピック調達コード。2025 年は、SDGs 万博というタイトルで打ち出されており、万博そのものが SDGs をテーマに扱うことになっています。これら祭典をきっかけに、日本でも持続可能性に配慮した調達ルールがますます加速していくものと思われます。

図 10-3　主な年表

2000 年	**UNGC（国連グローバル・コンパクト）制定**
2001 年	**キッコーマンが日本署名第 1 号**
2006 年	PRI（国連責任投資原則）制定
2010 年	ISO26000　組織の社会的責任に関する国際規格
2015 年	SDGs 採択、国連ビジネスと人権に関する指導原則
2017 年	ISO20400　持続可能な調達に関する国際規格
2020 年	東京 2020 オリンピック・パラリンピック調達コード
2025 年	持続可能性に配慮した調達コード （公益社団法人 2025 年日本国際博覧会協会）
2030 年	SDGs 達成（目標達成）

出典：筆者作成

サステナビリティ (CSR) の取り組みも、個社だけで行うのは大変困難となるでしょう。また、どういう取り組みを行えば良いのか悩むことも多々あります。そのため、企業や団体は、GCNJ（グローバル・コンパクト・ネットワーク・ジャパン）へ加入を行い、加入企業・団体一体となって、取り組みを行っています。

加入企業・団体は、2022 年 10 月 18 日時点で、516 企業・団体にのぼり、年々右肩上がりに増えています。なお、加入企業・団体詳細は、GCNJ ホームページ

（https://www.ungcjn.org/gcnj/state.html）より確認できます。

国連グローバル・コンパクト（UNGC）に署名をすると、UNGC 公式ウェブサイトの署名リストに企業名が掲載され、サステナビリティに真摯に取り組む企業姿勢を表明する効果的な手段となります。

また、UNGC およびグローバル・コンパクト・ネットワーク・ジャパン（GCNJ）は、社会・環境といった活動分野における経験と専門知識があり、かつ社会的に信頼を得た企業・団体のプラットフォームです。会員企業・団体は、活動を行う際に信頼と経験のあるパートナーを持つことができます。　（GCNJ の HP より引用）

(5) サステナビリティガイドライン関連図

図10-4はサステナビリティ関連図です。皆さんも、一度は見たことがあるものがあるのではないでしょうか。それらは、すべてサステナビリティ活動につながるものであることがわかります。そして、GRIに集中しており、企業のサステナビリティレポート発行が、持続可能な社会に貢献していくことがわかります。そのため、多くの企業や団体でサステナビリティレポートの作成や発行を行い、サステナビリティの取り組みを情報開示しています。

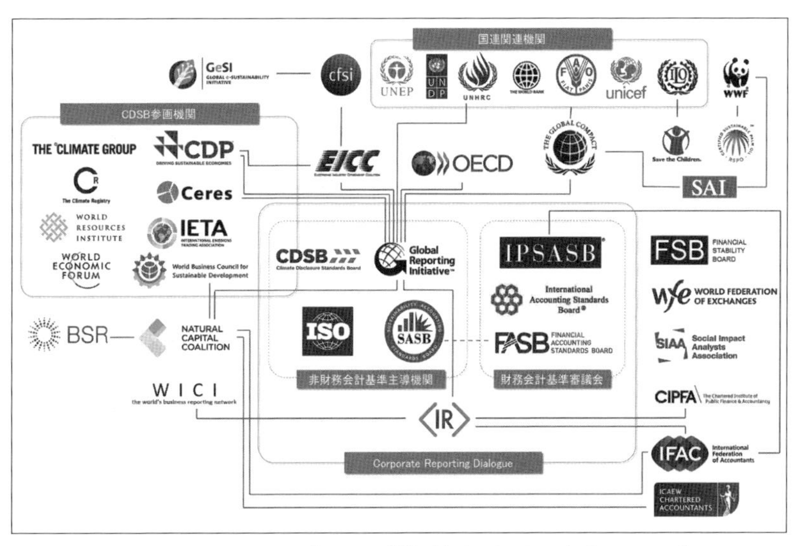

図10-4　サステナビリティ報告ガイドラインカオスマップ
出典：Sustainable Japan

また、SDGs目標12のターゲット12.6「大企業や多国籍企業をはじめとする企業に対し、持続可能な慣行を導入し、定期報告に持続可能性に関する情報を盛り込むよう奨励する。」となっており、企業や団体のサステナビリティレポート発行がSDGs達成の貢献につながることもわかります。

2　サステナビリティ（CSR）調達とは

(1) CSRとサステナビリティ（CSR）調達

CSRとは、「Corporate Social Responsibility」の略で、企業の社会的責任と訳されます。CSRと聞くとボランティアや慈善行為を思い浮かべるかもしれません。しかし、そう解釈するのは世界のなかでも日本やアジア圏の国々で多いですが、グローバルにおいては、企業は社会から信頼されるために何をすべきか、事業戦略を考えるために必要な要素となっています。つまり、企業は経済的価値追求を行うだけにとどまらず、社会や環境に配慮した活動も行うことで、社会から信頼されることにつながっていくという考え方です。

昨今、日本においても、東京オリンピック・パラリンピック調達コード、そして持続可能性に配慮した調達コード（公益社団法人2025年日本国際博覧会協会）も発表されており、持続可能に配慮した調達ルールができ始めています。企業は自社だけでなく、自社のサプライチェーンにおいても環境問題や人権問題が起こっていないかを監視し、必要に応じて改善や是正をしていかなければならない時代になってきました。調達部門のミッションは、高品質でより安く短納期になるように経済活動がメインですが、自社のコストダウンだけを追い求め、サプライチェーンに対して倫理観のない対応をすれば、足元をすくわれることにつながっていくことになります。サステナビリティ（CSR）調達は、自社のサプライチェーンへ働きかけ、社会課題解決をみんなで行っていくものであり、昨今のSDGsの高まりも受けて、ますます重要になってきています。

(2) 社会問題事例

世間では実際に様々な社会問題が発生しています。以下にその代表事例を述べます。

「環境破壊の例」

筆者は、2019年11月に休暇をとり、NGOウータン森と生活を考える会の石崎事務局長と近藤氏の案内を受けて、実際にインドネシアのボルネオ島へ行ってみました。自然林は減少し、見渡す限りパーム油農園しかなく、思わず絶句してしまいました。1950年、95%あった原生林が、2020年には約半分が消失していることがわかっています。原生林は失われ、そこに生息する野生動物はいなくなり、生物多様性の崩壊を肌で感じたのでした。私がホームステイした人口約500名の「タンジュン・パラパン村」では、約半数以上が原生林での生活を望んでおり、お金がほしいために、泣く泣くパーム油農園にしているということもわかりました。世界はつながっており、我々が食べている食材で（植物油脂）という表示があれば、ほぼパーム油なのです。こういった原住民の思いを感じ、食品ロスなどがあってはならないと感じました（第11章参照）。

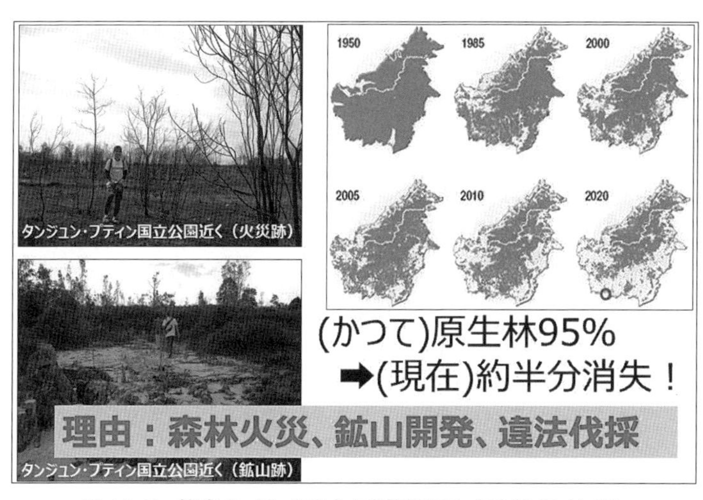

図 10-5　筆者のインドネシア訪問記録（2019年11月）
出典：Radday, M, WWF Germany. 2007. Borneo Maps（撮影：筆者）

(3) 社会課題のまとめ

以上、社会問題をまとめると、表10-2のような課題が見えてきます。

表10-2　代表的な社会課題

	人権・労働	環境	腐敗防止
課題	・強制労働の排除 ・児童労働の排除 ・長時間労働の排除 ・違法な賃金の排除 ・非人道的な扱いの排除 ・差別の禁止 ・従業員団結権の確保 （結社の自由） ・職場の安全および衛生環境の整備	・汚染防止 ・有害物質の管理 ・排水等の廃棄物の管理 ・大気汚染物質の管理 ・製品含有物質の管理 ・生物多様性への配慮	・非倫理的な事業活動の排除 ・汚職賄賂の禁止 ・優越的地位の濫用禁止 ・不適切な利益の供与および受領の禁止 ・競争制限的行為の禁止 ・正確な製品・サービス情報の提供

出典：GCNJ著「CSR調達入門書」

(4) 人権監視法案の制定

持続可能な社会に向けて、人権監視法案も各国で誕生するようになってきました。日本での法案はまだありませんが、欧州や米国で続々と誕生しており、そのサプライチェーンに入る日本企業は対応せざるを得ない状況になってきています。法令なので、倫理ある対応をしていなければ罰則になる可能性もあり、罰則があるのが現状になってきています。

表10-3　人権監視法の主な例

法律の名称	罰則など	日本企業（本社）が対象となる可能性
英国現代奴隷法	裁判所の履行命令（従わないと罰金）	あり
カリフォルニア州サプライチェーン透明法	裁判所の履行命令（従わないと罰金も）	あり
フランス警戒義務付け法	不開示の場合、最高13億円の罰金	小さい
米国貿易円滑化・貿易是正法	輸入の刺し止め・没収など	大きい

出典：日本経済新聞2017年7月10日リーガルの窓

(5) 日本における調達ルールの制定

日本でも倫理ある対応をすべく、調達ルールが制定されました。東京2020 オリンピック・パラリンピック競技大会では、持続可能性に配慮した調達コードが制定されましたが、2025 年日本国際博覧会（略称「大阪・関西万博」）でも同様なルールが制定されています。日本でもサステナビリティ（CSR）調達がビジネスを行う上で必要な条件になってきました。欧米同様に、日本でもこの流れは継続するものと思われます。

東京オリンピック・パラリンピック組織委員会へ納めるには
サステナビリティ（CSR）調達が必須となっている
➡日本でも調達ルール誕生へ！

〈4 つの原則〉
(1) どのように供給されているのかを重視する
(2) どこから採り、何を使って作られているのかを重視する
(3) サプライチェーンへの働きかけを重視する
(4) 資源の有効活用を重視する

図 10-6　東京オリンピック・パラリンピックの調達コード
出典：東京オリンピック・パラリンピック競技大会調達コードをもとに筆者作成

3　企業の取り組み

(1) 企業・団体のサステナビリティ（CSR）定義

たいていの企業や団体には、企業理念やミッション、ビジョンなど会社の根幹となる考え方・価値観があり、目指すべきゴールが明確に示されています。企業や団体は、企業や団体をとりまく社会問題や課題を把握し、事業活動を通してその課題解決を図ることが大切になってきています。すなわち、従業員一人ひとりが SDGs、GC10 原則、ISO26000 といった国際目

標や国際規格、規範等に準拠して、サステナビリティへ興味や関心を持って活動することで、社会の持続可能な発展に貢献し、それは同時に企業や団体の価値向上へと結びつき、企業理念やミッション、ビジョンの実現につながるものと考えます。

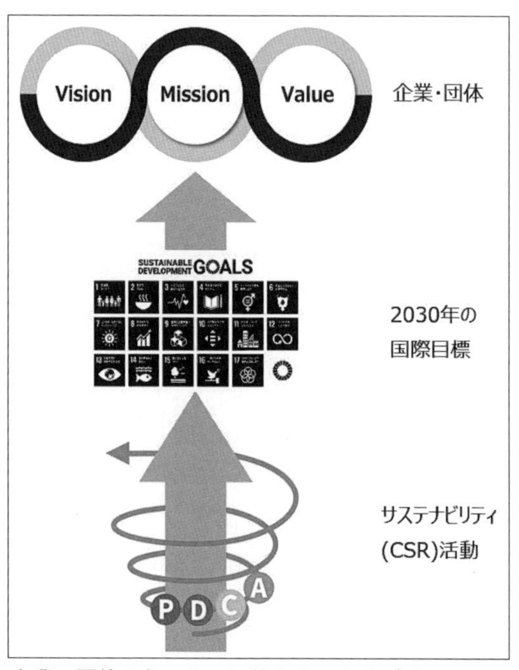

図 10-7　企業・団体のミッション等とサステナビリティ (CSR) の関係
出典：筆者作成

(2) 企業・団体のマテリアリティ（重要課題）決定

企業や団体は、自社ステークホルダー（利害関係者）を特定し、その期待と要請を感じ取り、自社のミッションにあった取り組みでステークホルダーダイアログを通じて、マテリアリティ（重要課題）の決定を行います。サステナビリティ（CSR）4本柱は、職場における責任、サプライチェーン・製品における責任、社会における責任、環境における責任ですが、サステナビリティ（CSR）調達は、現行調達業務へ融合させた取り組みを行います。

表10-4 サステナビリティ（CSR）4本柱を軸としたマテリアリティ（重要課題）設定例

職場における責任	サプライチェーン・製品における責任	社会における責任	環境における責任
コミュニケーション	サステナビリティ（CSR）調達	人権対応	製品有害物質削減
雇用	消費者安全	ダイバーシティ	CO_2 排出量削減
福利厚生	環境性商品	紛争鉱物対応	生物多様性配慮

出典：筆者作成

(3) 持続可能性に配慮した調達活動

主にメーカーの環境における責任では、製品含有化学物質管理（グリーン調達）があります。たとえばEU RoHs指令など、法規制に対応した取り組みになり、使用する部品や材料等に関して、バイヤー企業が、人や地球環境に有害な化学物質が含まれていないか、サプライヤー企業に対して、調査票を使って調査を行います。万一含まれていたら、代替部品や材料を探し、必要に応じて設計変更等を行い改善していきます。社会における責任では、紛争鉱物調達調査があります。RMAPプログラム等の調査票を用いて調査を行います。たとえば、サプライチェーンをさかのぼり製錬業者を特定し、その製錬所がコンゴ民主共和国および周辺9カ国における武装勢力の資金源となる鉱物を調達していないか確認します。万一問題が判明した場合、代替部品や材料を探し、必要に応じて設計変更等を行い改善していきます。サプライチェーン・製品における責任では、バイヤー企業が自社サプライチェーン上のリスクを特定し、必要に応じて改善を行っていくサステナビリティ（CSR）調達があります。具体的な方法は次項で説明します。

表 10-5　持続可能性に配慮した調達活動の主な例

項目	目的	効果
製品含有化学物質管理（グリーン調達）	主にEUのRoHS指令やREACH規則に代表される世界的な製品含有化学物質管理規制に対応する。地球や人体等に有害な化学物質を使用しない、または低減を行い環境保護に貢献する。	環境的リスク低減
紛争鉱物調達調査	RMAP（旧CFSP）プログラムにより、サプライチェーンをさかのぼり製錬業者を特定し、その製錬所がコンゴ民主共和国および周辺9カ国における武装勢力の資金源となる鉱物を調達していないか確認する。	社会的リスク低減
サステナビリティ（CSR）調達［サステナビリティ（CSR）サプライチェーン・マネージメント］	バイヤー企業のサステナビリティ（CSR）の取り組みをサプライヤー企業へ求めることをいう。企業の経済活動Q（品質）C（コスト）D（納期）の水準向上にプラスして、S（サステナビリティ）を追加し、安定調達実現を目指す。	サプライチェーンリスク低減

出典：筆者作成

(4) 国連グローバル・コンパクト (GCNJ) 分科会に参画

国連グローバル・コンパクト (GCNJ) 署名企業・団体のなかには、サプライチェーンにおける社会的責任を果たすため、サプライチェーン分科会に参画する企業・団体が増えています。2022 年 7 月現在、約 200 社約 300 名になっています。

筆者は GCNJ サプライチェーン分科会参画企業のリーダー役として、他企業や他団体と連携し、持続可能な調達活動を推進しています。主に日本のバイヤー企業やサプライヤー企業にとって、サステナビリティ（CSR）調達活動が実践しやすい環境を構築するために、国連グローバル・コンパクトなどに準拠した「持続可能な世界実現のためのお役立ちシリーズ CSR 調達セルフ・アセスメント・ツール・セット」等を協働で執筆し、無料で提供しています。あるべき姿の議論だけにとどまらない、各社サステ

図10-8　サステナビリティ（CSR）調達アンケート無料ツール
出典：国連グローバル・コンパクト（GCNJ）
（https://www.ungcjn.org/activities/topics/detail.php?id=503）

ナビリティ（CSR）調達の“実務精度向上”に直結するアウトプットを作り上げる会として、活動の輪が広がり始めています。

(5) サステナビリティ（CSR）調達の進め方

ここでは国連グローバル・コンパクト（GCNJ）に準拠した方法を説明いたします。具体的な進め方は、バイヤー企業が企業理念や会社のミッションをベースに、自社にあった調達ガイドラインを制定し、活動の基準になる指針を策定します。内容は、GC10原則（図10-2参照）やISO26000（組織の社会的責任に関する国際規格）等の国際規範に準拠したガイドラインになります。

そして、バイヤー企業は、自社仕入先へ説明会を開催し、仕入先へガイドライン遵守をお願いします。バイヤー企業はガイドラインどおりの取り組みができているかサステナビリティ（CSR）調達アンケート（SAQ）で、自社仕入先の強みと弱みを把握し、サプライチェーン上のリスクを把握します。バイヤー企業は、必用に応じて自社仕入先へ訪問してコミュニケーションを行い、一緒に改善活動していきます。

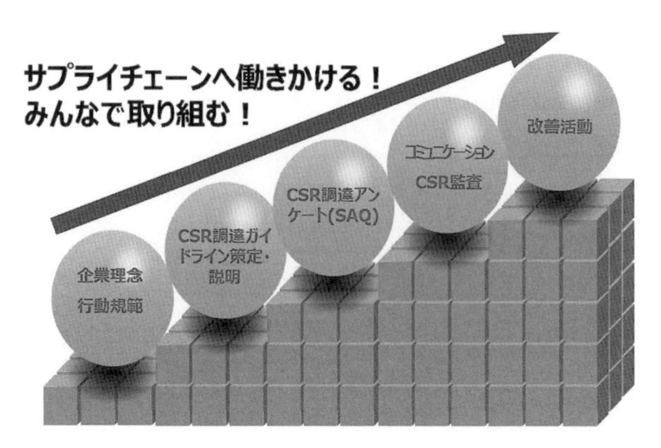

図 10-9　サステナビリティ (CSR) 調達の取り組みステップ
出典：筆者作成

CSR 調達ガイドライン

制定 2014年 7月

改訂 2021年 4月

図 10-10　サステナビリティ（CSR）調達ガイドライン策定の例
出典：筆者作成

表 10-6　サステナビリティ (CSR) 調達ガイドラインの項目例

No.	大項目	中項目	参照元ガイドライン
1	CSR にかかわるコーポレートガバナンス	CSR 推進体制構築、CSR レポート（サステナビリティ情報開示）など	ISO26000、GRI など
2	人権	児童労働排除、強制労働排除、差別禁止、ハラスメント禁止など	ISO26000、GC10 原則、OECD 責任ある企業行動のためのデュー・ディリジェンス・ガイダンス、国連ビジネスと人権に関する指導原則など
3	労働	労働者権利の尊重、労働者の人材開発への責任、労働安全の取り組みなど	ISO26000、GC10 原則、ISO45001、OECD 責任ある企業行動のためのデュー・ディリジェンス・ガイダンスなど
4	環境	気候変動対策、生物多様性配慮、環境保護など	ISO26000、GC10 原則、ISO14001 など
5	公正な企業活動	贈収賄の禁止、著作権の保護など	ISO26000、GC10 原則、OECD 多国籍企業行動指針など
6	品質・安全性	品質向上、製品安全への取り組みなど	ISO26000、ISO9001 など
7	情報セキュリティ	コンピュータウイルスへの対策、個人情報保護など	ISO26000、ISO27001 など
8	サプライチェーン	グリーン調達、紛争鉱物調達、仕入先への CSR 要請・改善など	ISO26000、ISO20400 など
9	地域社会との共生	地域住民への配慮、地域文化の尊重など	ISO26000 など

出典：筆者作成

写真 10-1　仕入先説明会の様子
出典：筆者撮影

(6) サステナビリティ（CSR）調達アンケート結果

GCNJ版サステナビリティ(CSR)調達アンケートSAQ(Self-Assessment Questionnaire)を用いて、主要仕入先へアンケートを行い、実施状況を確認しています。GCNJ版を使うメリットは、サステナビリティ（CSR）国際規範に準拠していること、無料であること、共通フォーマットにより自社

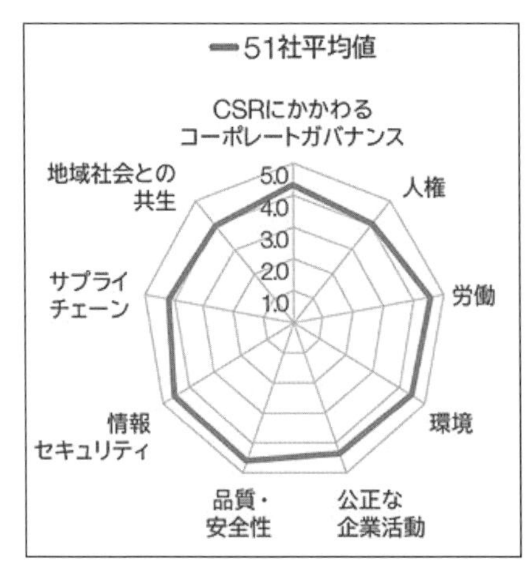

図 10-11　サプライチェーンサステナビリティ（CSR）管理　SAQ 平均スコア結果
出典：筆者作成

の立ち位置がわかることなどがあります。また、近い将来、プラットフォーム構想がありシステム化されることも想定されています。スコアの低い項目が弱みであり、今後改善すべき項目となります。また、逆にスコアが高すぎる場合も、過剰な自己評価の可能性があり、実際に取り組み状況を確認していく必用が発生します。

(7) コミュニケーション・改善活動について

アンケート結果から、特にスコアの低い項目が改善箇所となるので、自社のミッションにあった改善活動が必要になります。アンケート項目は、国際規範である国連グローバル・コンパクトやISO26000等を参考に作られており、コーポレートガバナンス、人権、労働、環境、公正な企業活動、品質安全性、情報セキュリティ、サプライチェーン、地域社会との共生と多岐にわたりますが、いずれも自社が社会から信頼を得るために必要な項目となっています。

また、アンケート結果より、法令違反しているものはただちに改善が必用になりますし、また、法令違反していなくてもリスクと判断した場合、改善していく必要が発生します。

自社が、社会から信頼を得るために何をすべきかを考え、戦略を立てていくことが改善活動であり、具体的に何をすべきかみんなで考えていくことが大切であると考えています。

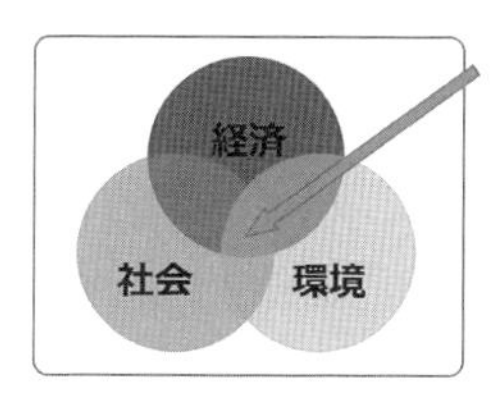

図 10-12　経済優先の調達活動へサステナビリティ (CSR) 調達を融合
出典：筆者作成

4　最後に

日本の持続可能性（サステナビリティ）の認識について、年代別傾向があり、40代後半以降は、あまり関心のない人が多いように感じます。なぜなら、学生時代にこのような教育を受けていないことが原因の一つであり、高度経済成長時代、いわゆる昭和の良き時代の成功体験が染みついてしまっているからと考えています。しかし、この年代より下になると、興味を持っている人が多いようです。聞いてみると、学校で公害問題の大切さを学んだり、SDGsの学習の機会があったりしたことがわかっています。つまり、世代によって認識が異なっており、企業内で持続可能性の重要性に温度差があるため、このギャップを埋め、重要性を認識することが不可欠であると考えます。

よって、まずは知ることから始めます。たとえば、サステナビリティ（CSR）先進企業のベストプラクティスを知ること、研修会に参加すること、2030 SDGsカードゲームによる体験研修に参加するなど、従業員へ啓蒙活動を行い、社内浸透を行っていくことが大切になってくると思われます。重要性をみんなが認識すれば、将来世代のために、何ができるのか、自発的に考えるようになり、自然と答えが出てくるのではないでしょうか。企業が社会から信頼を得るために何をなすべきか考えていくことが大切であり、今後もこの考え方はずっと続いていくと思われます。

これからは、倫理観のある人材が求められるようになります。持続可能な社会にしていくために、社会から信頼を得るために何をなすべきかを考えて行動していけば、自然とそのような人材になっていくのではないかと考えます。

Column カードゲームで学ぶサステナビリティ

サステナビリティは目に見えないものであることから、なかなか理解が難しいテーマです。しかし、そのテーマを誰もが簡単に学べる研修があります。それがカードゲームで学ぶ体験型研修です。現時点では、以下のようなカードゲームがあり四つ紹介します。

① 2030 SDGs カードゲーム（イマココラボ）

SDGs の本質を知ることができるカードゲームの元祖です。2016 年に誕生したこのゲームは、多くの企業、官公庁、自治体、学校、団体などで導入されています。2019 年には国連ニューヨーク本部でも導入されました。SDGs の重要性を、体験や振り返りを通して気づきを得ることができ、楽しみながら学んでいくことができます。小学生向けも用意されており、難易度も高くないので、すべての人におすすめです。

② SDGs de 地方創生（イシュープラスデザイン）

SDGs の考えを地方創生のヒントにつなげるカードゲームです。SDGs が地域活性化のヒントになることを体験から学び、次のアクションへつないでいくことが可能となります。特に地域活性化や地方創生を行いたい人におすすめです。

③ SDGs アウトサイドインゲーム（プロジェクトデザイン）

SDGs の考えを事業の社会課題解決につなげていくカードゲームです。新しいイノベーションで持続可能な社会を実現していきます。特にビジネスパーソンにおすすめです。

④ CSR 調達カードゲーム（GCNJ）

GCNJ サプライチェーン分科会が開発したもので、サステナビリティ（CSR）調達の重要性や本質を知ることができるカードゲームです。ゲームキットは GCNJ ホームページよりダウンロードが可能であり、さらに動画解説もあり無料で誰でも使うことができます。特にビジネスで調達担当者におすすめです。

いずれのカードゲームも、サステナビリティの重要性を体験と振り返りを通して学んでいくものです。また、その体験へフォーカスすることで、新しい気づきが得られ、次のアクションが可能となります。ぜひ、一度は体験してみてください。

Column　CMI Approved Certified Sustainability (CSR) Practitioner training

（日本語名称：英国 CMI 認定サステナビリティ（CSR）プラクティショナー国際資格）

サステナビリティに関する国際資格があります。それが英国 CMI 認定サステナビリティ（CSR）プラクティショナーです。世界で通用するサステナビリティに関する公的な国際資格の一つです。サステナビリティは、サステナビリティ／ CSR 部門だけで実施するものではなく、企業経営者がその重要性を理解し、サステナビリティ／ CSR 部門が調整役となり、全社的にすべての部門がそれぞれの役割を理解して取り組むことが求められるものです。このプログラムは、それぞれの部門において、サステナビリティを推進するうえで何が必要かを理解し、実務に落とし込みをすることができる内容となっています。サステナビリティを体系的に学ぶことができますのでお勧めします。

【2021 年現在の概要】

- 主催団体：Center for Sustainability and Excellence（ギリシャ本社、拠点：米国、ベルギー）
- 認定団体：Charted Management Institute（CMI）
- 実績：2008 年より開催、日本は 2012 年から開催
- 講習開催地シカゴ、ニューヨーク、ワシントン DC、サンフランシスコ、アトランタ、ヒューストン、トロント、ブリュッセル、ロンドン、ブリュッセル、ブカレスト、ドバイ、アブダビ、アテネ、クアラルンプール、東京、大阪　他
- 講習会終了後の論文試験
- 資格難易度：大手多国籍企業の幹部レベル向けの国際資格
- ホームページ：http://www.sustainavisionltd.com/training/（2022 年 11 月現在）

第11章

NGOの取り組み

熱帯林破壊と日本の消費生活とのつながり

石崎雄一郎

Chapter contents

Objective

皆さんの周りにNGOで活動している人はいますか？

「ほっておけない社会課題がある」「自分を活かして世界の人々に貢献したい」

そんな方はぜひ参加してください。

NGOは誰もが主体的に関わることができ、市民が主人公になって課題解決に向けたアクションを行うことができます。もしかすると新たな人々や場所と出会い、これまで知らなかった世界が開かれ、自らの価値観が変わるきっかけとなるかもしれません。

1　ボルネオ島は1億年の森！?

東南アジアの真ん中に浮かぶ赤道直下のボルネオ島……2007年に初めてボルネオ島を訪れた僕は、インドネシアの環境NGOに連れられて森のなかを4時間ほど歩いた先に辿り着いた大木に圧倒された。樹齢何百年……いや、もっと!? まるで精神が宿っているかのような大木の周りにキャンプを張って一泊。朝、大地が揺れるような鳥と虫の声で目が覚めた。遠くから聞こえる「ホーーォッウ」という雄叫びはテナガザルだった。（筆者の回想）

日本の国土の2倍ほどあり、かつてほぼ全土が原生林に覆われていたボルネオ島の熱帯林は、ここにしかいない野生生物がたくさん棲息している生物多様性の宝庫です。1億年以上前に誕生したと言われる被子植物の花粉が昆虫を惹きつけ、果実が鳥類を惹きつけ、様々な哺乳類が発達し、生きものの楽園が生まれました。かつて大陸とつながっていたこの地域は、氷

写真11-1　ボルネオ島の熱帯林にそびえ立つ大木
出典：ウータン・森と生活を考える会メンバー撮影

河期も温暖な気候が続いていたために多くの命が生き残り、1万年前に海面上昇によって島となり、貴重な生態系のタイムカプセルとなったのです。

ボルネオ島では、オランウータンやテングザルなどの類人猿をはじめ、空を飛ぶトカゲやヘビやカエルなど樹冠層で生きる爬虫類や両生類、世界中に愛好家を持つユニークな鳥類、擬態する昆虫、しめ殺しの木、独特の形態をした寄生植物や食虫植物、光る菌類などが、生態系のなかで数万年以上の時を経て互いに関係して変化しながら進化してきました。

たとえば、蘭の花にそっくりなハナカマキリと枯れ葉に見間違うほど似ているカレハカマキリは、どちらも植物に擬態してやってくる虫を捕食します。一方で捕食されないように葉っぱや枝に擬態するコノハムシやナナフシなどの虫もいます。サイに似たツノを持つ大きな鳥サイチョウは、食べた植物の実の種をフンとしてばら撒くことで、森を育てる農夫とも呼ばれています。サイチョウは大きな木のうろで子育てをするので、森を育てると同時に、森に守られて生きているともいえます。

種がつながりあって全体の生態系が作り上げられています。その多様性が特に濃密なのが熱帯林で、1ヘクタール（1万㎡）に存在する昆虫の種類

写真11-2　ボルネオ島は生物多様性の宝庫
出典：ウータン・森と生活を考える会メンバー撮影

は、ヨーロッパ全土の昆虫の種類よりも多いと言われています。地上のわずか数％を占めるに過ぎない熱帯林に、地球上の生物種の少なくとも半数以上が存在しているのです。

いま生物種はものすごいペースで失われています。数百から数千万いるだろうと言われる生物種のうち、100万種があと数十年以内で絶滅するおそれがあると、2019年に国連が報告しました。現代は恐竜が絶滅して以来の6回目の絶滅期に入っていると指摘する学者もいます。その原因の99%以上は人の手によるものなのです。

2　東南アジアの留学生からの悲痛な訴え

> 国立公園のなかにある原生林に近い豊かな熱帯林を歩いた翌日、大きなセコニャール川を挟んだ北側の森を歩いた。1キロも進まないうちに、同じヤシだけが植っているだけの全く違った光景を目の当たりにする……アブラヤシだ。地平線まで延々と続くその風景はシーンとし、虫の声も鳥の声も聞こえない。土地は白く乾燥し、直射日光で酷く暑い。僕が初めて体験した地獄のような環境破壊の現場だった……
>
> （筆者の回想）

ウータン・森と生活を考える会（以下、ウータン）の活動は、1987年にボルネオ島から日本へやってきた先住民の「私たちの木を切らないで！」という声を受けて、その翌年から始まりました。国土の3分の2が森林である日本では、戦後の「拡大造林政策」に伴い、広葉樹である天然林が伐採され、針葉樹中心の人工林へ置き換わっていきました。1964年に木材輸入が全面自由化となり、外国産の木材輸入が始まったことを契機に、国産材の利用率は急激に減少しました。国産材の代わりに、ずっと森の恵みとともに生きてきた先住民が暮らす熱帯林の木々がたくさん切り倒されていきました。

特に東南アジアからの南洋材の輸入は多く、マレーシア・サラワク州（ボルネオ島）で切られたラワンなどの立派な大木のうち半分以上が日本にやってきました。それ以前にはフィリピンの熱帯林が切り開かれました。ウータンのアドバイザーを務める神前進一先生は、研究室にやってきたフィリピン人留学生から「日本にこれほど森があるとは思わなかった。なぜあなた方はフィリピンの木を切るのですか？」と涙ながらに訴えられたそうです。

ボルネオ島やスマトラ島、ニューギニア島など東南アジアに広がる熱帯林では、商業伐採や違法伐採が横行した後、アブラヤシのプランテーション（単一作物の大規模農園、以下アブラヤシ農園）が拡大しました。これらの地域では、1990年からの20年間で、関東地方より広い350万ヘクタールもの森林が破壊されてアブラヤシ農園へと転換されました。それにより野生生物の生息地が奪われただけではなく、先住民の暮らす土地収奪や地域住民の暮らす住環境への影響も計り知れないものとなりました。

ウータンのメンバーは、インドネシア中央カリマンタン州で、企業による開発によって先祖代々のお墓が破壊された元王族の方のお話を伺った

写真11-3　アブラヤシ農園で殺されたオランウータンの骨
出典：筆者撮影

り、アブラヤシ農園からの農薬によって生活用水が汚染される現場を見たりしました。僕自身も、農園のなかで害獣として殺されたオランウータンの死体を発見しました。太古から存在する生命、昔からそこに暮らす人々がアブラヤシの農園拡大で甚大な被害を受けているのです。

3　見えない油パーム油

アブラヤシの実も、そこから採れるパーム油も、見たことがないという人が多いかもしれません。しかし、インスタント麺、スナック菓子、マーガリン、菓子パン（ショートニング）、アイスクリーム、チョコレート、洗剤、石鹸、化粧品などを一度も食べたことも使ったこともないという人はほとんどいないでしょう。コンビニやスーパーで加工食品を手にとれば、そのほとんどに「植物油脂」という表記が見つかります。統計上、植物油脂の多くは世界一の生産量を誇るパーム油です。ほとんどが加工用として使われ、日本では表示が義務づけられていないパーム油は、「見えない油」とも呼ばれています。

写真 11-4　見渡す限り広がるアブラヤシ農園
出典：筆者撮影

便利な油の代償は大規模な熱帯林破壊にあります。アブラヤシは収穫後48時間以内に搾油する必要があり、採算性を求める企業によって数千から数万ヘクタール規模のプランテーションで生産されます。開発時にはすべての木々を伐採するために、野生生物が棲むことのできない致命的な熱帯林破壊となるのです。そのために多くの希少な固有種が絶滅の危機に追いやられています。

アブラヤシ農園の大きさはどれくらいなのでしょうか？ 最低でも3000ヘクタールと言われる農園の広さは、大阪市内を通るJRの環状線の内側くらいの大きさです。多くの農園は数万ヘクタール以上の規模なので、一つの農園がいかに大きなものかがわかるかと思います。インドネシアとマレーシアだけで、日本の国土の半分以上の2000万ヘクタールを超える土地がアブラヤシ農園に転換されました。筆者が初めて足を踏み入れたインドネシア中央カリマンタン州タンジュン・プティン地区に隣接するアブラヤシ農園も、かつてはラミンやメランティやウリンという大木が立ち並び、オランウータンやテナガザルもたくさん生息する場所だったといいます。今や見る影もなく、干上がった大地と同じアブラヤシの光景が延々と続いているのみです。

4 東京都10個分の森が被災した大規模森林火災

朝に村から8人でジュルンブンに向かった。最初は別のロケーションの火災跡地の確認にいったんだ。その後ジュルンブンに戻って、昼になってから火が迫って来た。最初に火が近づいてきたときは、10-12mもの高さだったんだ、すごかった。一緒に消火をしたのは14人。近くの家で水を調達して、7人だったか8人だったかはジェットシューターに水を入れて火を消した。全員分はないから、他の人は木の枝を使った。1人は記録係で携帯で写真や動画を撮っていたけど、途中で「熱くて撮影できません」と警告が出て使えない携帯もあった。ジェットシューターは火を消すだけじゃなく、仲間に水をかけるためにも使う、アツイから、知ってるよな。俺なんか、ジュルンブンについたとき靴の底が剥がれかけてたから、こないだもらった軍手で剥がれないようにしたんだ。でもジュルンブンにはFNPFの長靴があったから、それを借りて使った。じゃないと耐えられなかった！ やっぱ長靴はいるな、村で持ってる人少ないし。それに、顔がアツかった！ 目なんて煙でヤバかったよ！ サングラスさえもってなかったからなぁ。

（ヘンキーさんへのインタビューより）

2015年にインドネシアを襲った大規模森林火災は、ボルネオ島（カリマンタン島）、スマトラ島などの熱帯林で特にひどく、東京都の面積10倍を超える260万ヘクタール以上の森を焼き尽くしました。逃げ惑うオランウータン、焼かれた大きなヘビ、立ち枯れた大木などショッキングな写真や動画が私たちのもとに送られてきました。人々の暮らしにも大きな影響があり、シンガポールまで達したという煙害による交通の混乱、学校の閉鎖、健康被害、それらに伴う経済的損害が連日報道されました。

しかし、何よりも世界を驚かせたのは、たった3カ月間の森林火災だけ

写真11-5　開発によって、莫大な炭素を含む熱帯泥炭地が失われている
出典：筆者撮影

で、日本の1年間の総排出量を超える16億トン以上の温室効果ガスが排出されたことです。その原因の一つは、世界中で、面積の半分以上がインドネシアに存在する熱帯泥炭地です。熱帯泥炭地とは、高温多雨の熱帯地域に広がる地下水位の高い湿地で、有機物の遺骸が分解されずにできた泥炭（ピート）が数千年以上蓄積してできた土地のことです。泥炭のなかには莫大な炭素が貯留されており、開発や火災とともに温室効果ガスとして排出されるのです。

もともとは湿地が広がる熱帯泥炭地で大規模な火災が起こることはありませんでした。しかし、1900年代後半以降にアカシアやアブラヤシなどの大規模なプランテーション開発を目的とする排水により、乾燥化が進みました。泥炭が乾燥すると非常に燃えやすくなります。その結果、泥炭地では火災が頻発し、乾期には雨が降らずに数カ月間燃え続けました。すなわち、人為的な要因によって「炭素の貯蔵庫」から巨大な「炭素の放出源」へと転じてしまったのです。熱帯泥炭地の火災は、気候変動の脅威となっています。

写真11-6　必死の消火活動を行うボルネオ島の村人たち
出典：アドゥ氏撮影

5　地域住民／ローカルNGOとの熱帯林保全活動

> 父親は村のなかで米作をしていて、野菜も色んなものを育てて村のなかで売ったりもしていた。小さい頃から父について畑には行っていたし、小学校を修了した11歳のとき、中学校に通おうとしたが下宿先の学校の先生との関係が悪くなって実家に戻り、父の農業を手伝い始めた。1997年の大洪水で村の米が全部ダメになって、それから農業をやめて家族みんなで違法伐採の仕事をし始めた。最初の違法伐採で得たお金は今でも覚えている。オランウータンの絵の描かれた500ルピア札でいっぱいになった袋で、90万ルピアだった（注釈：現在のレートで7000円ほど）。当時のお金としたらかなりの収入だった。
>
> （イサムさんへのインタビューより）

アブラヤシ農園開発は、1990年からの20年で、関東地方よりも広い面積の森林破壊を引き起こしました。先住民や地域住民に対する土地収奪や農園から流出する農薬による健康被害など住環境への影響も計り知れません。一方で、インドネシアではジャワ島やバリ島からの移住政策もあってカリマンタン島（ボルネオ島）の人口が増え、貨幣経済の流入や生活の近代化が進みました。そのため、定期的な収入を得られる機会としてアブラヤシ農園を歓迎する村人の声もあります。子どもが高校や大学へ通うために下宿すること、親が仕事でバイクを使うために現金が必要になることを先進国の都会に住む私たちが否定することができるでしょうか？

僕が初めてボルネオ島を訪れた時に案内してくれたインドネシアのローカル環境NGO「FNPF」で働くバスキさんは、熱帯林を守るためには、地域の村の住民を巻き込む以外に方法はないと考え、タンジュン・ハラパン村と森の往復を数年続けて、村人主体の保全活動を続けました。その肝となるのは収入向上につながる熱帯林保全のしくみ。村人が森から拾ってきた在来種の木々の芽を苗床で育て、それを植林するだけではなく、NGOや

写真11-7 ローカルNGOで働くバスキさん(右から2番目)と村人たち
出典：ウータン・森と生活を考える会メンバー撮影

国立公園やCSRをしたい企業に売ることで地域の収入になると考えたのです。

また、アブラヤシ農園と川沿いの熱帯林のあいだの土地を買い取って、有機農法や森林農法(アグロフォレストリー)を取り入れ、牛や鶏や養殖魚とともに循環型の農業を始めました。農作物が売れれば収入になりますし、外から野菜を買わなくても自分たちで育てて食べることもできます。この場所には宿泊施設や啓発のための展示小屋もあり、子どもたちの環境教育、外国人ボランティアの研修などにも使われています。

バスキさんは信念を持って言います。「村人に開発をやめろ！ オランウータンを守れ！ と言っても何も響かない。自然とともに暮らそうと言い、自らも実践しなくてはならない。忍耐強く、彼らを信用しないといけない。教えるのではなく、教わるのだ」。彼の理念に共感し、ウータンも地域住民への支援を通して熱帯林を守るという活動を始めたのです。

6　日本とボルネオの村をつなぐエコツアー

- 普段日本では味わえない経験や、出会い、たくさんの知識を得ることができました。物の見方や考え方、価値観が大きく変わりました。(20代・男性・大学生)
- 最も印象に残ったことは、村でのホームステイです。初めは言葉もわからず、日本とは文化も文明も違ってどうしようかと不安に思ったのですが、村人の優しさや子どもたちの笑顔に触れて不安もすぐに消え去りました。(20代・女性・大学生)
- この景色が素晴らしい。流域に沿ってニッパヤシが生い茂るジャングル。私は川と森が大好きで満足しました。(60代・男性)
- 熱帯雨林の伐採で急激にオランウータンの生息地が狭くなり絶滅の危機にあることや、マングローブの伐採で多くの地域が失われているのを見て、日本では考えていなかった自然破壊が進んでいることも知りました。(70代・男性)
- この旅で、森とともに生きること、人とともに生きること、動植物、自然とともに生きることを五感で感じることができました。(20代・女性・大学院生)

ウータンでは2012年より、収入向上につながる熱帯林保全のしくみの一環としてタンジュン・ハラパン村でのエコツアーを開始しました。エコツアーでは、日本からの参加者はボルネオ島の自然と文化を体験し、熱帯林の問題を現場で直接学び、保全に向けた活動を村人・NGOのメンバーとともに経験することができます。

受け入れ側の村人にとってはツーリズム時のホームステイやガイドを通して収入が得られるため、自然と文化を保全するインセンティブになるという意義があります。ツアー参加者と村人はプログラムやホームステイを通して交流したり、知見や経験を共有したり、お互いの学びにつながります。

写真11-8　エコツアーでは村人とともに植林を行う
出典：筆者撮影

ウータンのエコツアーで最も熱い議論が行われたのは、村の若者がNGOで働く前に、小学校を卒業してまもなく違法な金鉱山で働き、素手で水銀を取り扱い、それが川に垂れ流しになっていたという話をした時です。日本で過去の問題として学校で習った公害がいまだに起こっていることにびっくりした大学院生は、政府が何も対策を取っていないことに怒りを表しましたが、市民活動のベテランからの「環境問題は簡単に解決しないので粘り強い市民の働きかけが必要だ」との意見や、主婦からの「公害を持ち込んだのは先進国の消費者ではないか？」と自問する意見などが出され、多くの学びが生まれる場となりました。

7　持続可能な村の未来のために立ち上がった青年たち

俺たちの村に最初にアブラヤシ農園開発がやってきたのは2010年頃だった。2012年頃から企業による開発の話が入ってきて、集落に近い土地を新しく農園にするということだった。俺は村中を回って「アブラヤシ農園ができたらどんな悪い影響があるか」について一軒一軒説明したが、「昔のように木材伐採や金採掘で食っていくことはもうできない。農園がなければ何の仕事がある？ お前は私たちを食わせていけるのか？」と言われて返す言葉がなかった。

（アドゥさんへのインタビューより）

タンジュン・ハラパン村の周りの森がアブラヤシ農園に変わり、村を流れる小川が氾濫したり、ひどく暑くなる日が続いたりといった変化にショックを受ける若者が増えてきました。また、農園での仕事は企業が約束していたほど条件が良くなく、もともと決められた時間のルーティーンワークに慣れていなかったこともあるためか、アブラヤシ農園での仕事を辞める若者が続々と出てきました。

そんななかで、豊かな森に囲まれていた子どもの頃のように、持続可能な形での村づくりを行いたいと願う若者たちが村の青年団を再結成しました。青年団は、コミュニティ支援、生態系の回復、環境教育を活動の柱とし、苗づくり・植林やエコツアーなどをウータンと行ってきました。バスキさんがNGOとして村人とともに行ってきた活動は、村人主体の活動へ

写真11-9　タンジュン・ハラパン村の青年団のメンバーたち
出典：筆者撮影

と引き継がれていったのです。

青年団のイラさんは言います。「かつて俺たちは森を壊す人だった。しかし、自然環境の変化に気づいた。アブラヤシ農園が来てから村の自然環境が悪くなったので青年団の活動に専念することにした。在来種の植林には挑戦がいっぱいだ。苗集め、苗木づくり、植林作業、モニタリング…… そして森を壊さない仕事に村人を巻き込むこと、子どもたちへの環境教育……俺たちは森のなかで一緒に活動をする。俺たちは森を再生する人になったんだ」

8 日本に暮らす私たちに何ができるか？

さて、日本に暮らす私たちには何ができるでしょうか？ 遠い国で起こっている関係のない出来事だと思っている人は、コンビニやスーパーやドラッグストアに溢れているパーム油を使った食品や、トイレットペーパーやティッシュペーパーなどの紙製品、ホームセンターのフローリング材や家具がどこからやってきているかを思い起こせば、自ずと私たち消費者につながっていることがわかると思います。

たとえば、パーム油の問題に気づいた時に、消費者としてどのような油を日々使っているのだろう？ と考え、調べてみましょう。日常で料理に使う油、加工食品に使われる油には、菜種油、大豆油、オリーブオイル、米油など様々な種類のものがあることがわかります。では、できるだけ環境に配慮した油を選ぶにはどうすればいいのでしょうか？

「とんでもない面積がパーム油のために開発されている！ パーム油なんて使いたくない！」と言いたくなるかもしれません。世界で生産量第2位の植物油脂は大豆油ですが、大豆の栽培面積はなんと1億2000万ヘクタール超、日本の国土の三倍以上です。2020年に生産量1位となったブラジルでは、大豆農園が豊かな熱帯サバンナ地域であるセラードを破壊して作られたうえ、肉用牛の放牧地を北へ押し上げることでアマゾンの熱帯林破壊につながっています。世界で第3位の植物油脂は菜種油ですが、菜種の農場面積は3400万ヘクタール、日本の国土に近い大きさです。その多くが遺伝子組換えであり、危険性が指摘されています。

日本国内で有機農法で作られたエゴマや椿などから採られた環境に配慮した油もありますが、日常で使い続けるには相当に高価です。ウータンのメンバーが代表を務める「菜の花プロジェクトみのお」では、1ヘクタールに満たない規模の有機農園で全て手作業により育てた菜の花から収穫した菜種から、30リットル弱の油を搾っています。畑を耕し、種をまき、苗を植え替え、育て、収穫する。汗を流してわずかしか作ることのできない油……手作業で作られた油がいかに貴重か、そしてこの世界にいかに多くの安い油が溢れているのかがわかります。

昔の人々にとって油はもっと貴重なものでした。安く手に入るようになった背景には、熱帯林を大規模なプランテーションに転換するなどの環境破壊が関係しています。一方で、油をたくさん使うようになった背景には、私たちの日常のライフスタイルが影響しているのではないでしょうか？ 農作業に行って汗を流して、その日に採れた新鮮な野菜を調理して食べる生活では、ほとんど加工食品を口にすることはありません。しかし、

写真11-10　企業の株主総会でのパーム油発電反対アクション
出典：筆者撮影

夜遅くまで仕事をしたり、締め切りに終われて徹夜をしたり……そんな生活が続けば、外食やコンビニに頼らざるを得なくなるでしょう。

私たちは日々の消費行動を変えることで、企業や店舗への影響を通じて社会を変えることができます。また、企業に自分たちの望む商品を開発したり、店舗へおすすめの商品を置くようにリクエストしたり、行政に消費者として望ましい政策を行うよう要望したりすることもできます。ウータンでは、莫大なパーム油を必要とするバイオマス発電事業が拡大されようとしている現状を知り、発電事業計画地近くに住む住民の方々と勉強会を重ね、企業や金融機関や行政へ粘り強く訴えを起こしてきました。その結果、京都府で2カ所のパーム油発電事業が撤退することになりました。経済産業省の政策もより厳しいものへと変わりつつあります。私たち市民・消費者は必ずしも無力ではないのです。

9 RSPO認証は持続可能か？

パーム油が引き起こす環境・社会的問題を背景に、2004年にRSPO（持続可能なパーム油のための円卓会議）が、パーム油に関連する企業や環境・人権NGOなどによって設立されました。RSPOは、パーム油生産地の環境や地域住民・労働者の人権への配慮、企業のコンプライアンスなどの原則と基準を設けて、それを満たした農園から生産されたパーム油に対して認証を与える制度を実施しています。消費者はRSPOの認証マークがついた製品を買うことで、第三者によって持続可能な生産によるものだと認証されたパーム油を選ぶことができるという理屈です。

日本でも、一部の洗剤メーカーなどが率先してRSPOに取り組んできましたが、近年、大手食品企業や生協・イオンといった大手小売業が相次いで参入、2019年にはJaSPON（持続可能なパーム油調達のためのネットワーク）が設立されるなど注目を集めています。

一方で、RSPOが持続可能なパーム油生産と流通を目指しているとはいえ、現場では持続可能な状況とは程遠いという批判があります。実際にウータンが活動するタンジュン・プティン国立公園近郊に広がっているアブラヤシ農園は、親会社が変わってCSR活動に力を入れ始めてからRSPO認証を取得しましたが、元々はオランウータンが生息し、ラミンの木が生い茂る豊かな森を転換したものでした。筆者はそこで殺害されたオランウータンの骨を発見しました。企業には認証を取れば大丈夫という認識ではなく、自社の調達を責任を持って管理することが求められます。

そもそもプランテーションというものが、熱帯林を皆伐して作られたもので、そこに生物多様性は存在しません。ですから、パーム油生産に持続可能な認証を与えること自体が論理的に成り立たないのではないかという批判も根強く存在します。

10　環境問題は国家間差別であり、世代間差別であり、種差別である

東南アジア熱帯林破壊の最大の原因であるパーム油は、私たちの身の回りの安価な商品に多く使われています。しかし、私たちが100円で買うことができる板チョコには、先住民や農園労働者への人権侵害、生物多様性の損失、泥炭地破壊などによる温室効果ガス排出などの負のコストは含まれていません。誰かが支払わないといけないそのコストは、人間以外の動植物、社会的弱者、次世代の人々などに押し付けられます。

私たちの消費生活が熱帯林やそこに住む人々に与えている影響は、スマートフォンに使われるレアメタルがゴリラの生息地の破壊や子ども兵が戦わされている紛争の資金源になっている問題、肉用牛の放牧地を拡大するためのアマゾンの熱帯林破壊、電気自動車に使われる燃料電池のための鉱山開発による森林破壊と先住民への健康被害など数えきれないくらいあります。過剰な消費が、生産、加工、流通、販売、消費、廃棄というサプライチェーンにおける最上流の生産地で環境破壊と人権侵害を引き起こしています。また、最下流の現場では、大量の食料廃棄、マイクロプラスティックなどのごみ、公害をもたらす汚染物質、気候変動を引き起こす温室効果ガスが発生しています。

図 11-1　持続可能な消費を行うためにはサプライチェーンすべてを考慮する必要がある
出典：筆者作成

同時に不公平も生まれています。世界には 8 億人を超える飢餓人口がある一方、穀物の 3 分の 1 は人ではなく家畜が食べています。アマゾンの熱帯林破壊の最大の原因は肉用牛の放牧ですが、先進国で肉の消費を減らせば、家畜や野生動物の命だけでなく、熱帯林に暮らす人や飢餓状態の人の命も守られるかもしれません。

このように、環境問題は社会的弱者を搾取し、次世代の人々が平和で健康に暮らすことができる機会を奪い、多くの生物を絶滅に追いやります。現代の先進国の人々による国家・社会間差別（貧困・移民・労働者・先住民・ジェンダー・児童労働)、世代間差別(若者や生まれてくる世代の機会損失)、種差別(野生動物や家畜への搾取)だと言い換えることができます。それらの問題を解決し、持続可能な社会を目指すのであれば、小手先の対策ではなく人々の意識そのものが根本から変わる必要があるでしょう。

差別をなくすには戦い続けることが重要です。スウェーデンの環境活動家グレタ・トゥーンベリさんが、自分たち若者世代が直接被害を受ける気候変動に対して科学者の声を聞くように、15歳の時に1人きりでデモを始めたことは当然のことだと思います。

11　問題を解決したいと思った時に一歩が踏み出せる

世界には環境問題、人権問題、動物福祉の問題など、様々な問題に溢れています。それらの特定の課題を、国や営利企業の立場ではなく、市民ベースで解決していこうとするのがNGOやCSO(市民社会組織)です。「問題をなんとかしたい！　何か取り組みたい！」と思った方は、自分がやりたいと思った分野から一歩を踏み出してください。外部からどのような刺激があれ、それに対してどう反応し、何を選んで行動するかはあなただけに責任があり、あなただけが決めることができるのです。

たとえば、気候変動問題に関心がある場合には身の回りのどこから取り組めるでしょうか？　世界の温室効果ガス排出のデータでは、火力発電や大工場のほか、大規模農業(化学肥料の過剰投与)・畜産業(家畜の糞尿やげっぷ)・農地転換(アブラヤシ農園など)、建物のエネルギー利用、交通のエネルギー利用、廃棄物処理などからも排出されています。ですから、オーガニックな食品を購入したり、お肉を食べる量を減らしたり、自転車で移動することを心がけたり、使い捨てのごみを減らしたり、再生可能エネルギー中心の電力会社を選ぶことなどは、日常生活で今すぐに取り組める地球温暖化対策なのです。

筆者自身、アマゾンの熱帯林破壊など地球環境問題への危機意識から2020年にヴィーガン(動物性の食事を取らず、動物性の衣服などを身につけないなど可能な限り動物を搾取しない主義・ライフスタイル）の道を選びました。ヴィーガンになってみて、アニマルライツや動物福祉の問題にも関心を持つようになりました。そして、ヴィーガン料理イベントなどへの参加を通して新たな友達が増えました。このように同じような問題意識や価値観を持つ仲間が増えることもNGO／CSO（市民社会組織）に参加するメリットの一つです。

そして、読者の皆さんにはぜひ現場を直接訪れてほしいと思います。百聞は一見にしかず、と言いますが、ボルネオ島でリアルに感じる空気、温度、動物の声、激しいスコールや雨の匂い、温かい人々との交流は何ものにも代えがたい体験です。それはこの地球で生きることそのものを味わうことであり、人生において最も大切なものなのです。その本質を理解することができれば、無理に自然環境を破壊しようとは思わないでしょう。「熱帯林と私がつながる、熱帯林の仲間とつながる」、一緒に楽しんで環境問題に取り組みましょう！

写真 11-11　ウータン・森と生活を考える会の仲間とイベントでのブース出展
出典：同会メンバー撮影

第12章

SDGs時代に求められるパートナーシップと協働

井上和彦

Chapter contents

Objective

環境問題の解決に向けて、行政や企業、NPO/NGOなどがそれぞれで取り組んでいますが、それらをより有効にしていくために、異なる立場の人々が一緒にパートナーシップや協働で取り組むことも増えています。それが特に求められているのが、SDGsです。本章では、第Ⅱ部のまとめとして、横軸的に、そのような協働の取り組みの意義や事例などをご紹介したいと思います。

1　パートナーシップと協働とは

「パートナーシップ」や「協働」とは、異なる性質・立場の人たちや団体が同じ目的を共有して、それぞれの力を発揮しながら対等に働くことにより、1人や一団体ではできないことができるようになったり、もしくはより効果が高まることをいいます。異なる立場が一つになる関係性を「パートナーシップ」、一緒に働くことを「協働」といいます。最近、目にする「協創」や「共創」も似た言葉ですが、こちらは「創り出す」ことに重きを置いた言葉です。

かつては、環境問題など公共的な社会課題については「行政がやること」という考え方が多くを占めていました。しかし、今では「企業や市民（NGO）などと一緒に取り組む」ことが当たり前になっています。その際に重要なのがパートナーシップです。

たとえば環境問題においては、かつての公害問題では、汚染物質の発生源が特定の企業や地域などに限定されていることが多く、その原因に対する対策が中心でしたが、その後の地球温暖化問題では、生活者も産業も都市そのものも原因となるCO_2を排出しているので、誰もが削減のための行動をとる必要があり、その解決のための働きかけ先や行動主体が多様化しています。

また、行政は規制し、取り締まるだけ、企業や市民は法律を守るだけでは解決できない課題も多く、行政も財政、職員の数や専門性に限界があります。行政だけだと、税金を使うことから中立・公平・公正が求められますが、課題解決には柔軟な対応も必要となり、企業やNGOの方が臨機応変に対応できることもあります。企業やNGOもできることの限界があるのは同じですが、行政と組むことによって影響力が増すこともあります。

さらに、かつては社会全般の情報を一番持っていたのは行政でしたが、情報公開が進み、誰もが情報を得ることができるようになっています。情報化が進むことで、行政の持つデータだけでなく、民間のビッグデータや市民ニーズなど民間のマーケティング情報なども活用されるようになっています。

これらの状況から、自然と異なる立場の人々や団体等がパートナーシップで取り組みを行うことが多くなっており、そのための制度も整えられるようになっています。

たとえば、地方自治体における「協働」について、兵庫県尼崎市には、総合政策局のなかに「協働部」という部署があり、協働による取り組みを進める方法として、市と企業や団体との関係を明らかにする「協働契約」という制度が設けられています。

尼崎市　各課の業務内容

・総合政策局

市政の総合企画、市の魅力発信、広報広聴、協働のまちづくり、地域振興、人権啓発、男女共同参画など

・協働部

・協働推進課

あまらぶチャレンジ事業、市民運動等、コミュニティ活動の推進、市政に関する提言（市民意見聴取プロセス、まちづくり提案箱等）の処理、市民提案制度、協働契約、指定管理者制度、特定非営利活動促進事業及び基金、社会福祉協議会

・生涯、学習！推進課

・文化振興課

・ダイバーシティ推進課

※下線は筆者による。

出典：尼崎市公式ホームページ
https：//www.city.amagasaki.hyogo.jp/shisei/siyakusyo/section/index.html

協働契約を締結するメリット（尼崎市）
協働契約は、対等な関係性に立脚して、協議によって取組内容を決定していくなどの特徴があります。
また、役割分担が明確になることで、互いの強みを発揮しやすくなることや、柔軟性・即応性が求められる事業で有効です。
事業によっては、成果物の権利を当事者双方（「市と受託者」など）に帰属させることで、様々な主体の自発的な取組による課題解決の促進といった効果を期待できます。

	通常の委託契約	協働契約・委託型
仕様	市が作成	市が作成
実施主体	受託者が実施	受託者と市が役割分担し実施
実施内容・手法	市があらかじめ詳細を指定	市があらかじめ大枠を設定、詳細は双方が協議して決定
メリット	・定型的な業務には適 ・責任の所在が明確 ・経費節減効果を期待できる	・協働の相乗効果の期待大 ・実施中の改善が容易で、即応性、柔軟性がある ・成果物等の権利を受託者に帰属させることができ、担い手の成長につながる
デメリット	・協働の相乗効果の期待小 ・実施中の改善が困難で、即応性、柔軟性に乏しい ・成果物等の権利が受託者になく、担い手の成長につながりにくい	・定型的な業務には不向き ・受託者との協議は増加傾向 ・経費節減効果は薄まる

図 12-1　協働契約を締結するメリット
出典：尼崎市公式ホームページ
https://www.city.amagasaki.hyogo.jp/shisei/si_mirai/kyodo_sikumi/1020250.html

大阪府豊中市では、市民団体が地域の課題を解決するために、市と一緒に取り組むことでより効果が高まる事業を市に提案する制度「協働事業市民提案制度」に基づき、NPO 法人とよなか ESD ネットワークの提案で市と協働で、『豊中市における「協働の文化づくり」事業』を実施しました。これは、豊中市において協働が文化として根付くことを目的として、この事業そのものも協働で進められました。

このように、地方自治体のなかでも協働での取り組みが定着しつつあります。

図 12-2　協働のガイドブック
「とよなか流 協働のコトはじめ ―協働を楽しむ・たしなむ―」
出典：豊中市ホームページ　https://www.city.toyonaka.osaka.jp/machi/npo/katudo/kyodojigyo/ugoki/kyodo_bunka.html

2　事例紹介

(1) 省エネラベル

家電販売店で、たとえば冷蔵庫やエアコンなどには、次のようなラベルが表示されています。

これは、国が定めた「統一省エネラベル」というもので、電化製品を選ぶ際、商品の価格だけでなく、年間の目安電気料金がわかるようにするものです。対象機器は、2022 年現在、エアコン、照明器具、テレビ、電気冷蔵庫、電気冷凍庫、ガス温水機器、石油温水機器、電気便座、電気温水機器です。

たとえば、以前実際に販売されていた同じメーカーの冷蔵庫２種類を比較してみましょう。

	A	B
容量・仕様	335L・右開き３ドア	330L・右開き３ドア
販売価格	87,780円（税込）	109,780円（税込）

デザインも容量もそれほど大きく違わないとした場合、これだけの表示だとAの方が安いので、Aを選ぶ人が多いかもしれません。では、この２種の省エネラベルを見てみましょう。

	A	B
省エネ性能	★★	★★★★★
１年間の目安電気料金	14,000円	8,860円

冷蔵庫は普通10年くらいは使うので、10年間支払う費用で計算すると、以下のようになります。

	A	B
販売価格	87,780円	109,780円
10年間の電気料金	140,000円	88,600円
10年間支払う費用（販売価格＋10年間の電気料金）	227,780円	198,380円

10年間支払う費用ではBの方が安くなります。この表示を見てお客さんがBの商品を選ぶと、お客さんは最終的に支払うお金が少なくなるので得をします。お店はこの表示をすることで、お客さんが販売価格の高いBの商品を選んでくれると、売り上げが増えます。社会的には、電気代が安いということは消費エネルギーが少ないということで、地球温暖化の原因となるCO_2の排出量が少なくなるので、気候変動問題の解決につながります。社会課題の解決につながるから、国がこの仕組みを運用しているのです。ちなみに、以下のサイトで製品ごとの省エネ性能情報を見ることが

図 12-3　統一省エネラベル

出典：資源エネルギー庁ホームページ
https://www.enecho.meti.go.jp/category/saving_and_new/saving/enterprise/retail/

できます。

（省エネ型製品情報サイト　https://seihinjyoho.go.jp/）

では、この仕組みはどのように生まれたのでしょうか。

1992 年にブラジルのリオデジャネイロで開催された国連の「地球サミット」では、持続可能な開発に向けて「アジェンダ 21」が採択されました。その京都市版ローカルアジェンダ 21 が、1997 年に「京（みやこ）のアジェンダ 21」として策定され、それを市民・事業者・行政のパートナーシップで推進するための組織として、1998 年に「京（みやこ）のアジェンダ 21 フォーラム」が設立されました。

2001 年に京のアジェンダ 21 フォーラムにおいて、家電製品を買う時に電力の使用効率がすぐわかるようにしなければならないという話になりました。そこで「機器の価格と、平均的な使用年数ぶんの電気代を足したお金」がどうなるのか、すぐ見てわかるラベルを作って、家電販売店の展示品に添付してもらおうという試行プロジェクトを行うことになりました。2002 年に京都市で行われた「省エネ製品グリーンコンシューマーキャンペーン」の実行委員会には、家電販売店、消費者団体、環境 NPO、行政などが入り、幅広いパートナーシップのもとに計画および実行が進められ、京都市内の 18 店舗で実施されました。なお、この 18 店舗には、地域に根付いてお客さんとのコミュニケーションが得意なまちの電器屋さんと、多くのお客さんに知ってもらう機会のある家電量販店の両方が入っていました。

図 12-4　当初の省エネラベル

出典：京のアジェンダ 21 フォーラム　http://ma21f.jp/02wg/lifestyle/enelabel/

このキャンペーンの結果、省エネ性能の高い製品の売り上げが増加するというデータが示され、2003 年には 169 店舗と拡大。2004 年には、京都省エネラベル協議会として独立し、2005 年には、京都市地球温暖化対策条例で家電販売店に表示が義務づけられ、市内全店がラベルを掲示しています。その後は、京都という地域を越えて、まず東京との連携で発展し、2004 年には、首都圏をはじめとする十数の都市県に広まり、「全国省エネラベル協議会」に発展しました。2006 年には日本でエネルギーの使用の合理化に関する法律が改正施行され、小売事業者に対して 省エネルギーに関する情報提供の努力義務が規定されました。これにより、全国省エネラベル協議会が実施していた「省エネラベル」は経済産業省資源エネルギー省所管の財団法人省エネルギーセンターへ移管され、デザインも刷新され、「全国統一省エネラベル」となって、現在にいたっています。

最初の実行委員会には、環境活動を進めるNPO、データを集め解析するコンサルタント会社、消費者にとっても有意義で、消費者へ伝える役割が重要なので消費者団体や生協など、商工会議所などの企業の団体や地域の商店連盟や電器店の組合、家電量販店などの事業者、京都市、京都府といった行政も入り、まさしくパートナーシップで実現されました。気候変動対策のために省エネルギーを進めるという共通の目的のもと、行政、企業、NGOそれぞれ単独ではできないことを、それぞれのできることや役割を果たしながら、一緒になって「省エネラベル」という仕組みを作ることで、それぞれにもメリットがあることにより実現したのです。

(2) 祇園祭ごみゼロ大作戦

NPO、企業、行政が協力して実施する環境活動の事例として、「祇園祭ごみゼロ大作戦」について紹介します。

祇園祭は、日本三大祭りの一つで、1150年続く京都の伝統的な祭りです。八坂神社を中心とした神事や神輿渡御のほかに、市街地でも町内ごとに住

写真12-1 祇園祭の様子
出典：「祇園祭ごみゼロ大作戦」撮影

民が、前祭と後祭に分かれて「山」や「鉾」を道路上に建て、最後にその「山」や「鉾」を曳いて市内をめぐる「巡行」を行います。前祭の宵山期間内の7月15日と16日には、大通りを通行止めにして屋台が出るなど、2日間で約50万人が来訪します。この7月15日と16日に最もごみが多く発生して、路上での散乱などが問題になっていました。

祇園祭は神事を行う八坂神社や「山」や「鉾」を建てる町内が大量のごみを出したり、ごみになるものを売っているわけではなく、その多くは主に域外から持ち込まれたものや他地域からその日だけやってくる露店、地域の店が売ったもので、外から来た人が捨てて帰り、残されたごみを片付けるのはごみを出していない住民という構図になっています。また、ごみに関する責任を持つような特定の主催者がいないうえ、会場が市街地に広がっており、普段から人が生活や商売をする場所であるため、出入りも持ち込みも制限することができません。これまでも会場各所にごみ箱が置かれていましたが、誰も管理しないのですぐにごみがあふれ、路上にも散乱していました。

そこで、2014年から、NPO、事業者、行政等のパートナーシップで、「祇

写真12-2　エコステーション
出典：「祇園祭ごみゼロ大作戦」撮影

園祭ごみゼロ大作戦」が実施されるようになりました。主な取り組みは、祇園祭の前祭宵山期間の内、毎年露店が出店して歩行者天国になる7月15日・16日の2日間、露店等約200店舗に「リユース食器」を約20万個導入し、会場約50箇所でリユース食器の返却とごみの分別拠点「エコステーション」を設置し、運営するというものです。

「リユース食器」とは、使い捨てではなく繰り返し使用できる食器のことで、食べ物などをこの食器に入れて販売し、使用済みの食器は回収して次の機会に使用されます。この食器を現在は無料で露店等に貸し出すのですが、それを回収する場所としてスタッフを配置した「エコステーション」を設置し、ほかのごみと一緒にここで回収することにより、分別・リサイクルが可能となり、道路等への散乱ごみも減少します。また、どうしても路上に捨てられるごみは、スタッフが回収して回ります。これらのスタッフとして、2日間でのべ約2000人のボランティアが参加しています。活動資金の多くは、企業などからの協賛、企業や個人からの寄付、自治体等の補助や、各種助成金などで集めています。その他、活動場所の提供や様々な協力を多くの企業・団体から得ています。これも祇園祭という1000年以上続く行事を持続可能なものにしていくという目的を多様な立場の方々が賛同し、それぞれの出せる力を集めることで実現したものです。

写真12-3 リユース食器
出典：筆者撮影

3　SDGs時代に求められるパートナーシップ

パートナーシップは、SDGsの目標17「パートナーシップで目標を達成しよう」にも掲げられているように、環境問題を超えた世界の課題解決に欠かせないものとして認識されています。

図12-5　SDGsの目標17のアイコン

国では、SDGsの国内実施を促進し、より一層の地方創生につなげることを目的に、広範なステークホルダーとのパートナーシップを深める官民連携の場として、「地方創生SDGs官民連携プラットフォーム」を設置しています。

地方創生SDGs官民連携プラットフォームウェブサイト（内閣府HP）
https：//future-city.go.jp/platform/

また、関西では、SDGsの達成に向けて、関西の民間企業、市民社会・NPO・NGO、大学・研究機関、自治体・政府機関といった、多様なアクターが参加するプラットフォームとして、「関西SDGsプラットフォーム」が設立されました。

関西SDGsプラットフォーム
https：//kansai-sdgs-platform.jp/

環境問題の解決には、現在のほかの社会課題も含んだSDGsのなかで総合的に取り組む必要があり、パートナーシップが欠かせないものとなっています。

環境問題の見方と私たちの生活

第13章

SDGs時代に問われる洞察する力（インテリジェンス）

小田真人

Chapter contents

Objective

皆さんは、教科書に正解が書いてある勉強に親しんできたと思います。ですが、日本では第二次世界大戦中に使われていた教科書を、「間違っていた」として墨塗りしたという歴史をご存知の方も多いでしょう。

「最近、公害、公害とうるさすぎる。科学的な根拠もないのに企業からせびり取ろうとする者もいる。やたらに騒ぎ立てて問題を片付けようとするやり方は下品だ。」

こういったコメントを見ると、今ならば、違和感を持つ人も多いのではないでしょうか。ですがこれは、1966年10月大手新聞社に実際に掲載された化学メーカーの社長のコメントでした。高度成長時代の雰囲気がそれを許容していたのかもしれません。その後、第二水俣病が判明していくのです。

本書は、できるだけ最新の科学的知見に基づいて編纂されていますが、現実の社会で飛び交う情報はもちろん古かったりします。なので、それらの情報を真にうけすぎず、自らの頭で吟味・推敲する姿勢が大切です。

本章では、環境分野でも一際大切な、自分のなかに情報のマップを作っていく方法、洞察する力について学びます。

夜空に浮かぶ星の一つひとつは単なる光の点ですが、その星を線でつなぐことで、先人たちは星座の物語を作り、人に伝えてきました。情報も同じです。一つひとつの情報をつないでいくことで、あなた自身の解釈・物語を見つけてください。それをインテリジェンスと呼びます。

1　普段触れている情報を考えてみましょう

世界の電気自動車販売は、2020年に40％増加した後、さらに売れ行きを加速して行くだろう

これは、2021年4月29日に国際エネルギー機関（IEA）が出した予測です。この見出しを読んだときに、皆さんは何を考えるでしょうか。

「やっぱりガソリン車やディーゼル車は売れなくなるんだな」「テスラはもっと儲かりそうだ」「そういえばホンダも海外向けは全部EV車にすると発表していたっけ」。

こんなことを考える人が多いのではないでしょうか。もう少し、与えられている情報をじっくり考えてみましょう。

「40％増加」と言っているのは、いま売っている電気自動車を分母とした場合なのだから、自動車販売全体のデータではないはず。そうだとすると、

世界の人口増加で自動車の販売も増えているのだろうから、全体へのインパクトはこの見出しではわからないのではないか。

このように、与えられている数字が指示している範囲に注視してみることも大事になってきます。調べてみるとわかるのですが、2019年の世界の自動車販売台数は約9000万台、そのうち電気自動車は220万台で、その比率はわずか2.4%。IEAのいう「40%」という伸び率をかけてみても3%台なのです。見出しの数字の印象は大きいですが、現時点の市場規模はまだあまり大きくないことがわかってきます。

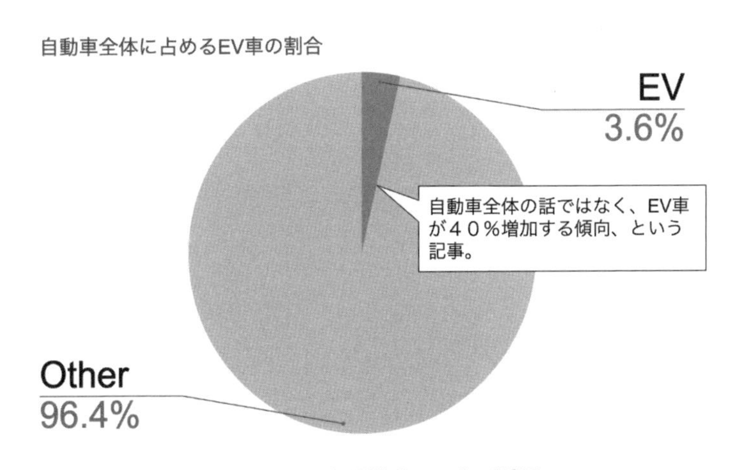

図13-1 分母を認識することが重要
出典：筆者作成

ほかにはどんなことがいえるでしょうか。

「電気自動車には充電が必要だが、ガソリン車のように短時間でチャージできない。台数が増えたときにインフラは間に合うんだろうか。とか、バッテリーに使われる原料は、そんなにたくさん産出できるんだろうか」というような疑問も出てくるかもしれません。

いま挙げたような疑問やアイデアについて、実はすでにいろいろなニュースが出てきています。たとえば、中国は2021年5月16日、電池交換式EVの国家基準を発表しました。五分以内でバッテリーごと交換せよという基準です。中国EV充電インフラ促進連盟が発表したデータによると、すでに2020年12月時点で中国国内に555箇所のスタンドが営業しています。また、バッテリーの原料については、世界の鉱物資源の枯渇が指摘されており、欧州を中心に素材をリサイクルする法律をはじめとしたシステムが作られ、2021年1月よりEU紛争鉱物規則が施行されています。

どうでしょうか。最初のニュースから深く考えておくと、数字の印象だけに踊らされることもなく、また、別の情報が入ってきたときには、点と点がつながって見えてきそうです。

2　重要視され始めた「インテリジェンス」

このように、情報を多面的に洞察していくことや、事象から仮説を立てて推論することを「インテリジェンス」と呼びます。おそらくあまり聞き慣れない用語なのではないでしょうか。

皆さんの多くはこれまで、分野ごとに整理された内容について、教科書に従った順番で学習してきたと思います。こうした、学習スタイルのことを「系統学習」といい、多くの学習者たちに効率よく学ばせることに適した方法として、学校現場で主流的に用いられてきました。

しかしながら、近年、問題発見と問題解決能力が重要視され始めると、こうした系統学習ではなく、より主体的な、自分で問いを立てるタイプの学びの必要性が叫ばれるようになってきています。

こうした流れとインテリジェンスは、とても密接な関係を持っており、不確実で複雑な現代を生き抜いていくために欠かせない能力を養うものとして、世界の先進的な大学で取り扱われるようになってきました（しかしながら、今のところ日本でこの分野を教える大学はほとんどありません）。

3　インテリジェンスの基本姿勢

まずは、情報収集と分析の基本となる情報の扱い方に関するコツから見ていきましょう。

(1) 情報源を意識・選別する

まず、情報源のことを理解してみます。その情報は、どこが発したものであるのか。また書かれている内容のうち、どこまでが「事実」でどこからが「意見」であるのか、こうした客観的な視点を持って眺めてみるとよいでしょう。

特に情報ソースがメディアである場合、少なからずバイアスが混入します。そのため、追っていけるならば、なるべくその原典にあたることも大切です。たとえば、大臣の発言の一部が記事に載っていたとした場合、発言記録の全文を探してみて、そのどこが採用されているかを調べてみると、意外にもメディアで報じられていることとは異なる印象を受けることが少なくありません。

ネット上で得られる情報には、フェイクニュースのようなものも多く含まれます。統計情報などのグラフを含め、都合の悪い部分をグラフ対象から外すなどの手法が多く見られるのも現実です。

日本のメディアが報じる国際ニュースの場合、海外で報じられたニュースを何日か遅れて翻訳しただけのケースもあったり、また間違った内容のまま広まることもあります。この情報を鵜呑みにしていいのか、という観点をまず持つことが肝要です。

原典を追求することは、結果的に本質を見極めるための早道になる場合が多くあります。

(2) 情報を比較する

情報源には、情報発信の仕方の特徴もあります。たとえば、遺伝子組み換え作物を推進する立場のシンクタンクでは、そのメリットに明るい研究員が数多く雇用され、逆に遺伝子組み換え作物の規制を要求するシンクタンクでは、規制に明るい研究員が数多く雇用されるため、おのずと論調が異なってきます。

海外の新聞、テレビ等の国際ニュースと日本のメディアを比較してみると、同一のニュースが、報道する立場によって、いかに大きく変わっているかも体感することができます。

このように、同じ主題を扱う記事も、立場の違う発信源を探し、比較してみることによって冷静に読めるようになってくるはずです。

(3) 経緯を理解する

洞察力に富む分析は、事象の潮流・底流に触れているものです。

この話はいつ頃から言われていたのか。その情報源の団体はどういった経緯で設立されたのか。この事象を生み出した背景にはどのようなものがあるのか。時間軸で考えるようにしてみましょう。

「歴史は繰り返す」という言葉もありますが、過去のパターンを解析すると、この辺りで業界団体が立ち上げられるのでは、その後学者がレポートを発表するのではないか。この辺りで、国際会議の主要テーマに取り上げられるのではないか、といった感覚も身についてきます。

近年は、欧州で作られた環境系の規制がベースとなって、数年後に日本やアジア域でルール化されるようなことも明らかにトレンドとなっています。

このような形で情報を取り扱い、分析してみた後、皆さんにお勧めしたいのは「未来を推測する」ことです。

4　未来を推測する

世界の電気自動車の話でも説明したように、一つの情報から次を考えるというのが最も身近な活用例になります。この時にこんな立ち位置で考えるとアイデアが出てくるでしょう。

「電気自動車を推進する立場の人は誰で、その人が次にとる行動はなんだろう」「電気自動車が発展すると困る人は誰で、その人が次にとる行動はなんだろう」「電気自動車に必要なインフラや、必須素材はなんだろう」「電気自動車が変える私たちの生活はどのようなものだろう」など。

こんなことを考えておくことによって、「情報のポケット」ができてきます。そんな癖を身に着けていくと、ニュースがただ目の前を通り過ぎるということがなくなってくるでしょう。

また、複数の情報を結びつけて考えることも重要です。

次の二つの情報を読んで、つながりを考えてみてください。

(1) 2020年12月にアメリカシカゴの取引所で「水の先物」が世界で初めて上場した。

(2) 国連人口基金(UNFPA)が発表した世界人口白書2020によると、2020年の世界人口は約78億人となり、2019年に比べて8000万人増加したことがわかった。

そうか、人間が増えて、水が減ってきたんだな? だから取引されるのか。いやまてよ? 水は地球を循環しているんだから減らないはず……?

そんなことをイメージしたでしょうか。そうです、まさに人間が増えて、大量の食糧が必要になり、世界中の大規模農業(含む畜産業)が大量の水を使うようになったため、淡水がどんどん減っていることが背景にあります。確かに水は地球を循環しているのですが、何万年もかけて溜まった地下水はどんどん汲み上げられ、気温上昇で雪が減りました。豪雨は降るものの、森林が減って地下に保水する間もなく海に流れ出てしまっているのです。

「先物」というのは、半年、一年といった少し先の価格を取引する市場のことですから、その市場があるということは「現物」取引が存在しなければなりません。事実、アメリカではすでに水(現物)の取引があります。先物市場の存在は、今の価格が急騰しても将来の値段で買っておけば安心、というヘッジに主に使われます。しかし、投機的な資金も流入しやすく、水がどんどんパブリックなものから一部の権利を有する人のものになっていく可能性も出てきている。そんな未来を推測できるのではないでしょうか。

5　問題が国境を越える時代

2016年のダボス会議（世界経済フォーラムの通称）の席上、こんなことが発表されたことを記憶している方もあるでしょうか。

2050年、海洋に流出したプラスチックごみの量はサカナの量を超える

たいへんセンセーショナルなこの報告を受けて、インスタグラムなどのSNSでは膨大な量の海中のプラスチックの様子や、漁網に絡まった海鳥、ストローが鼻に刺さって血を流すカメなどの痛ましい写真が世界各地から投稿され、一気に世界中の人たちが問題視するようになりました。

並行して、G7やG20等で人類の課題として提起され、各国により署名され、今日のようなプラスチック袋の有料化などの施策につながっているのです。

日本ではしっかりとプラスチックごみは管理されているのでは？ そう思う方もあるでしょう。しかしながら、実際に河川に行ってみるとごみのポイ捨ても多くありますし、近年の風水害などで、図らずも海へゴミが流出するケースも相次いでいます。また、実はこれまで日本のプラスチックごみの多くがアジア各地に輸出されており、その管理不行き届きでゴミが海流に乗って日本に流れ着いているということも少なくありません。

ゴミを出した国の責任にすればいいじゃないか！ と言ったところで、その出所を辿ることもできませんし、元はといえば多くのプラスチックごみは先進国が排出していることもまた事実です。このように気候変動や、生物多様性の問題なども同様の、「国境に無関係な問題」が次々に私たちに覆いかぶさってきました。

6　みんなが一丸となれないわけ

このままではサカナの量よりもプラごみの量のほうが多くなります。気

候変動が激しくなり、巨大な風水害や海面上昇、食糧問題が起きるかもしれません。1900 年には年 1 種、1975 年に年 1000 種だった生物の絶滅スピードが、最近では年 4 万種に急増しています。

そんな話が出てきているにもかかわらず、私たちの身近なところではさほど大きな変化がないのはなぜでしょうか。

原因として言われていることを挙げてみましょう。

1. 対処しなくても、急に明日に何かが変わるわけではない
2. 自分だけがやると経済的に損をする
3. 将来世代のために、現役世代が負担を許容したがらない
4. 政治が短期的成果を求めがち

世界全体で取り組まなければいけないはずなのに、合意形成ができない背景が見えてきたでしょうか。

7　合意形成できるしくみを考える

頭を抱えそうなこの状況に、いったい何ができるのでしょうか。ヒントになりそうな例を挙げてみましょう。

現在世界でとられているアプローチは、「金融を活用する」という作戦です。

環境や社会にとって良いことを行う会社には積極的に投資したり、融資したりする機関投資家が近年とても増えてきました。「ESG 投資」や「責任投資」と呼ばれるものです。これまでも、年金ファンドなどが、武器やタバコなどの産業に対してその資金を提供しないということは行われてきましたが、その範囲は限定的でした。ところが、環境や社会への配慮をする会社は結果として経営成績もよく、サステナブルであることから株価も相対的に高くなることが知られてくると、次々とそうしたファンドが増え、今や経済新聞ではその投資の話題が登場しない日がないほどの認知度になってきています。

実はこの背景には、20 世紀の終わり頃から着々と作られてきたサステナブル金融のしくみがありました。環境と、持続可能な発展に対し、多くの

企業が注力するようにするにはお金の力を使うのが最も効果的です。そこで国連などが中心となって、銀行や保険会社に積極的にそうした金融を行うような宣言を促しました。

21世紀に入り、気候変動の問題が大きく取りざたされるようになると、企業が抱える気候変動のリスクに注目が集まるようになり、いよいよ本格的にESG投資のような金融に資金が集まって行きました。この流れを受けて、企業サイドも急速にその投資を受けられるような態勢へと舵を切り始めています。

とてもパワフルなお金という力を使って環境問題へ対処する。なるほどその手があったか、と思われたのではないでしょうか。しかし、ここで思考を止めずに、もう少し深く考えてみましょう。

「環境に良いという基準は何か。誰が決めるのか」。

どうですか？ たとえば原子力発電はどうでしょうか。温室効果ガスを出さない原子力発電は気候変動についてはGoodであったとしても、持続可能な発電形態であるかどうかと問われると、答えは変わるのではないでしょうか。

実は、本章を執筆している2021年5月の時点では、ESG投資の国際的な基準はありません。たくさんの評価軸がバラバラに存在しているのです。最も影響力が大きいと言われているEUの基準ですら、原子力発電についてはまだ回答がありません。

この基準、OKになるのかNGになるのかで、その産業の運命が変わってしまいますから、大変な問題です。世界では、多くの国や企業、業界団体、NGOなどが、押し合いへし合い、その基準作りの熱い戦いを繰り広げている最中なのです[1]。

1　2022年元日、EUは原子力を「再生可能エネルギーを中心とした未来のエネルギーへの移行を促進する手段として、原子力や天然ガスも一定の役割がある」として、過渡期のエネルギーとして認める方向性を打ち出しました。

8 人類の武器「ルール」とインテリジェンス

さて、このあたりで、東南アジアに駐在していた頃の、筆者の経験を一つ披露しましょう。ある、「ろ過装置」を作る会社の話です。

工場で使用された水は利用後に下水や川に流されます。その際、化学物質を含んだ水で環境を汚さないように、工場は、水質を一定水準以上にろ過したうえで排水する必要があります。日本でもかつて発生した水俣病のような、ひどい公害を再度起こさないためにも、非常に大切な工程です。

しかし、当時、東南アジアのある国では、まだそのろ過の基準が十分に作られていませんでした。そんな時に比較的大規模な工場の建設の話が持ち上がりました。そこに二つの会社が、ろ過装置を売り込んでいきました。A社は、ろ過において重要となる五つの特徴のうち、四つにおいて優秀な装置を用意していました。競合のB社の製品は、その四つについてA社のものより劣っていましたが、一つだけ優秀な技術を持っていました。

このコンペにA社は当然勝てると確信していました。しかし、その後、A社の人たちにとっては思いもよらない展開が訪れたのです。A社は営業活動を停止せざるを得なくなりました。何が起きたのでしょう？

実は、政府によって新たなろ過の基準が示されたのです。それは、B社が唯一勝っていた特徴が基準となったのでした。A社の技術は、その国で導入されるにはNGになったのです。B社の強みとするポイントで規制が作られ、A社が弾かれてしまったのです。

これはルールの力の小さな一例です。真実はオープンにはなっていませんが、B社のインテリジェンスに基づくロビー活動の成果と言って恐らく間違いはないでしょう。企業にインテリジェンスが必要な理由の一つでもあります。

本当に環境に良いものが採用されるなら、この場合はA社のろ過膜が採用されるべきでした。しかし実際はそうなりませんでした。それは、この問題に声を上げる人も、注目する人も限定的だったからです。

環境に良い技術を持つ会社は、愚直に良いものを作るだけではなく、その作ったものをどうやって社会に導入していくか、インテリジェンスを活用してシナリオを立て、ルールを作る機関に対して主張していく必要があるのです。

このことは、ビジネスパーソンの皆さんにとってはもちろん、市民や学生の皆さんにとっても重要です。

すでに直面している地球規模の問題をどうするのか。あまりにも大きくそして複雑な問題を目の前にすると、人は思考が停止しがちです。そんな時に陥るのは、「どこかの賢い誰かがうまくやってくれればいい」という考え方。上に示した例にもあるように、実は、どこかの賢い誰かがうまくやってくれるわけではなく、限られた人たちが、限られた情報を元に、時として恣意的に物事を進めているという事実のほうがが圧倒的に多いのです。

声の大きい誰かだけにルール作りを任せてはいけません。ルールは、決して、ただ従うもの、ではなく、私たち自身が作り有効活用するものなのです。ルールの力を使えば、ビジネスを優位に進めることも、良い技術を早く広めることも、地球規模の課題に対処するための人類全体の武器として使うこともできるのです。

これは、全員が政治家になろうという話ではなく、社会を構成する私たち一人ひとりがルールに着目し、声を上げ続けることによって、社会が良くなっていくということです。それにより、民主主義という仕組み自体も進化し、有益なものになっていきます。

さらに、現代には、皆さんの親の世代にはなかったテクノロジーやコンセプトがいろいろあります。昔は、インテリジェンス活動は、国際ネットワークで現地にいる人たちとコミュニケーションをすることによって成り立っていましたが、現在は情報公開が進んでおり、多くの情報に容易にアクセスできる環境が整ってきています。翻訳技術も大きく進歩しました。我々が世界の情報に幅広くアクセスできるようになった人類で最初の世代ともいえるでしょう。

インテリジェンスはなかなか大変な知的作業に思われるかもしれませんが、メディアを流れてくる情報を鵜呑みにして踊らされるのではなく、ぜひ皆さんが自分の頭で世界情勢を読み解けるようになってほしいと願います。そして、皆さんと、世界の問題をともに解決し、環境を再生していくために共闘できる日を、心より楽しみにしています。

Column　SDGsとスタートアップ

SDGsを達成するためには、「イノベーションが欠かせない」と言われます。イノベーション、よく聞く言葉ですね。その意味は、新しいアイデアで価値を生み出し、社会的に大きな変化をもたらすことを指します。つまり、今までとは違うやり方とか、技術とか、価値観から解決していかないと、SDGsという大きなゴール群を達成できない、というわけですね。

さて、そんなイノベーションの担い手として期待されているのが、「スタートアップ」と呼ばれる、急速に成長することを期待される新興企業です。皆さんのなかでは就職先の一つとして話題になることもあるでしょうか。これまで他の先進国に比べて、日本ではスタートアップが育たない、と言われてきましたが、最近では、その様相も少しずつ変わってきています。

まず大企業が、社内ではなかなかイノベーションを起こすことが難しい、ということでスタートアップに注目しています。どういうことかというと、大企業のなかではチャレンジングなことがなかなかできないので、将来性のあるスタートアップを見つけたら、そこに資金を投じて、その大企業がすでに持っている販売ルートや技術を提供したりして支援するのです。こうすることで、一気に市場が拡大するという事例も起きています。そんな大企業とのコーディネートを行ってくれる支援団体なども存在しています。

次に政府や地方自治体も、東京だけに仕事や人が一極集中するという状況を是正するために、どんどん地方の雇用を創出しようと仕掛けを行っています。そこで、地方で起業する際に助成金を出す自治体も多くなってきています。

今、日本にはたくさんの「アクセラレーションプログラム」という、スタートアップの事業を支援するスキームがあります。筆者の会社の場合は、国連機関のUNOPSが神戸の拠点で行っているプログラムで支援を受けています。これは、気候変動をはじめとする世界的課題に対応する具体的な施策を持つ企業を UNOPS が支援する、というもの。このほか、関西文化学術研究都市（京都・大阪・奈良にまたがる学研都市）で行われているグローバル展開するスタートアップを支援する KGAP + というプログラムからも、日本企業とのマッチング支援をいただいています。

しかし、これだけ条件が整ってきたにもかかわらず、日本のスタートアップはまだ多いとはいえません。日本は資金集めが難しいなどと理由はいろいろ言われますが、結局のところ、スタートアップに「チャレンジする気持ちになる人」が少ないからなのでしょう。チャレンジする気持ちになれないことをかみ砕いて言うと、「成功させられる気がしない」ということになるのだろうと思います。

成功って何でしょうか。お金を集めること？ それも事業を行ううえでは必要になることもあるでしょうが、本質は、「社会の課題を解決する」こと。注目している課題が本質的に大切で、その解決策がユニークで意義のあるものであれば、きっと何らかの形で広がっていくのだと思います。それは、ビジネスとしてかもしれませんし、NPO として、社会運動として、いろいろな形が考えられると思います。社会にそのような活動を支援する仕組みが整ってきていますので、お金の成功は後からついてくるといえるかもしれません。

米国では、優秀な大学生ほど大企業ではなくスタートアップにチャレンジするという傾向があります。日本においても、その兆しが出てきました。皆さんも、関心がある社会課題を軸にして、新しい解決策を見出して、チャレンジしていってほしいと思います。

Column　SDGs と DX（Digital Transformation）

2020 年、コロナ禍で保健所が「いまだにファックスを使っている」という日本の状況は、世界から驚きを持って注目されました。感染拡大から 1 年以上たった今でも、書類のせいで、出社しなければ仕事が進まない、という人が多く存在します。しかし、わかっていながらも、当事者がファックスや紙の書類やハンコをいくら止めたくても、関連する会社や組織から求められるのでやめられない。こんな事情を、全体としてずっと変えられなかったことにその原因があります。もっとITを使って効率よくやったらいいのになぁ、と思う方も多いでしょう。

さて、このコラムでは、そんなIT化の話よりももう少し先の話をしたいと思います。

「これまで人間がやっていたことを、楽に、わかりやすくするために、IT化をする」という効率化を越えて、「ITを前提として日々行っている仕事をデザインし直す」、これをDX（Digital Transformation）といいます。

皆さんは上記2種類のIT化を分けて理解しておいてください。

SDGsのなかでは、資源を有効に活用するためにはITが欠かせないと言われています。もう少し深く見てみましょう。

日本の首相によっても言及されている「経済を再構築する」という言葉を考えてみます。私たちの身の回りにあるほとんどの製品は、何らかの資源を環境から「採って」「作って」「使って」「捨てる」という一連の流れにあります。より持続可能な社会を目指して、一度採ったら捨てないで可能な限り使い続ける「循環型経済（サーキュラーエコノミー）」として、経済を再構築することが求められているのです。

ところで、限りある資源を採って捨て続けることが持続可能でないことは、小さなお子さんでもわかる理屈ですが、なぜ今までそれが是正されなかったのでしょうか。その主たる理由は再生せずに捨てる方が安いからなのです。バージン素材ではなく、使い終わった製品から再生品を作ろうとすると広範囲に手間が発生して値段も高くつきます。たくさん買ってくれなければ値段も下がらない。そのループから抜け出せないので、いつまでも、採って→捨てるが続いてきてしまったのです。

話をDXに戻しましょう。DXで期待されていることの一つが、製品の「情報公開」です。これまで消費者は、その製品の素材がどこから来たのか、どんなプロセスを経て手元にあるのかを知る方法はほとんどありませんでした。これがデジタル技術を通じて変わろうとしています。

EUは、個別の製品の部品ごとに、詳細な環境関連情報（使用原材料やその割合、製造方法や環境負荷など）に関するデータを「プロダクトパスポート」と名づけてそのルールを整備し始めています。製品に係るCO_2排出量や、リサイクル性や分解性が示されれば、政府は、その環境負荷に応じた賦課金（企業が政府などに余分に支払わなければいけないお金）を課すことで、メーカーやサプライヤーなどが協力して、なるべく環境負荷を減らしていこうという協調が生まれます。消費者にとっても、より環境に良い製品を選ぶ機会に恵まれます。

このために期待されている技術がブロックチェーンです。分散型のサーバーで、過去の経緯を記録していくやり方です。これまでは、仕入れ元の会社がどれだけ環境負荷を与えていたかなど知る由もありませんでしたが、記録が改ざんされないデジタル技術によって、その透明性が担保されるようになったわけです。

もう少し身近な DX も紹介しましょう。

カーシェアリングがかなり普及してきました。今まで自動車は所有するものという考え方が強くありましたが、スマホアプリなどで簡単に予約ができる仕組みが整い、たくさんの人でシェアすることが実現しました。乗らない時には駐車場代も要らない。サブスクリプションはとても便利です。これは消費者側からの視点ですが、提供する側にはどのようなメリットがあるでしょうか。売らずに貸す、というモデルの向こう側にある提供側のメリットはデータです。どんな人が、どんな時に、どんなふうに製品を利用するのか。売り切りのモデルでは入手できなかったデータは、新しい製品やサービスの開発に活かすことができます。

こんなサブスクは、いまや掃除機などの家電製品にも広がり、飛行機のエンジンにまで応用され始めました。あるタイヤメーカーもそのタイヤを「使った分だけ」支払ってもらうというサブスクを検討し始めています。メンテナンスもプロが提供し、壊れる前に顧客の費用負担なく交換するので、客としては何の文句もありません。タイヤを使った分だけ支払うモデルになったとき、タイヤメーカーは、どんな使い方をするとどれぐらいタイヤが減るのかというデータも手に入ります。そのうえ、交換の時期になれば、今まで自社の手を離れていた廃品が手元に戻ってくる。限りある資源を再活用するサーキュラーエコノミーの流れに乗せることができるようになるのです。

こんなふうに IT を使って業務をデザインする、DX が単なる IT 化ではないことがおわかりいただけたでしょうか。

新しい技術は、世界の在り方を変えていくものです。皆さんもぜひ、技術を味方につけて、より良い世界の在り方をデザインしていってください。

第14章
人は変化に抵抗する

下司聖作

Chapter contents

Objective

人々は変化に抵抗すると言われるが、宝くじが当たって受け取らない人はいない。人は変化がいいとわかっている時は、変化を喜んで受け入れる。人が変化に抵抗するのは、リスクを感じたり、何かを失うと感じる時だ。　ロナルド・A・ハイフェッツ（ハーバードケネディスクール）

ロナルド・A・ハイフェッツ著『最前線のリーダーシップ』ファーストプレス、2007年より抜粋地球環境問題解決への取り組みは、1972年の国連人間環境会議から始まり、1992年の地球サミット、そして2000年のMDGsなど、国連や一部の心ある人々の活躍で、「ある程度の成果」を上げてきました。しかし、昨今の異常気象、貧困の拡大、気候難民などは「ある程度の成果」ではすまされない状況であり、経済優先の社会システムそのものを変える必要に迫られています。

SDGs17個の目標をただ読んだだけでは、世の中がひっくり返るほど変わらなくてはいけないと感じ、失業のリスクや豊かな生活を失ってしまう恐れで、人は必ず抵抗してしまいます。

しかし、SDGsが掲げるバックキャスティングを正しく理解すると、ほんの1%の変化で世界が劇的に変わることに気づくでしょう。

1　人は変化に抵抗する

2016年の米国大統領選挙では気候変動などあり得ないと主張し、パリ協定離脱を掲げたトランプ氏が勝利しました。しかし、本当に米国人が気候変動など起こらないと思っていたのでしょうか？ そんなことを本気で思っているのはごく一部であって、トランプ氏は変化に抵抗する人々の心理を上手く操っていました。

誰しも気候変動は起こってほしくないし、少なくとも自分が生きているあいだは起こらないでほしいと思っています。多くの人が現実から目を逸らそうとしているなか、正論で「変化を」と言われても逆に耳を閉ざしてしまうだけです。

もちろん、気候変動だけが選挙の焦点ではありません。いつまでも米国が最強であり続けたい誇りや、凶悪な銃乱射事件が何度も起こっているのに、銃を手放すことに対する恐怖心など様々ですが、共通していえることは「自分が変わっても世の中は何も変わりはしない」「自分は今まで大丈夫だったのだから、これからも大丈夫だろう」と思ってしまうことです。

持続不可能な社会システムだとわかっていても、最後のギリギリまで自分だけは今の状態でいたい、と思うのが人というものです。

2　50年前からわかっていたこと

- 2018年7月5-7日　　西日本豪雨災害　死者223名
- 2018年9月4日　　台風21号　関西国際空港連絡橋大破
- 2019年10月12日　　台風19号　北陸新幹線水没
- 2020年7月　　九州豪雨災害

このように、日本はここ数年、毎年気象災害に見舞われています。

気象庁は100年に1度の災害と言っていますが本当でしょうか？

⑴　私は10年以上前から、100年に1度どころか、毎年大型化した台風が襲って来ることを知っていました。

それは「気候変動に関する政府間パネル（IPCC：Intergovernmental Panel on Climate Change）」が科学的な根拠に基づいて、熱帯低気圧（台風）の破壊力は、過去30年間で倍増している、熱帯低気圧の破壊力は熱帯の海面温度と高い相関関係にある、と2007年の第4次報告書で指摘していたからです。

台風が発生する目安の一つは、海水温が27℃以上あることです。海水温が高ければ高いほど大型化します。ちなみに地球の平均気温はIPCC「第6次評価報告書　第1作業部会報告書」によると、2011-2020年の世界平均気温は、1850-1900年の気温よりも1.09℃高く、また、海上0.88℃よりも陸域1.59℃と、陸域の昇温の方が大きかったのです。一見、海はさほど上昇していないように見えますが、水の密度は、空気と比較して1000倍あります。たとえば、単位を変えて陸域の大気が1.59℃ではなく、1.59キロカロリーの熱をため込んだとしましょう。同じ体積で比較すると、海域は880キロカロリーの熱をため込んでいるのです。

地球温暖化のメカニズムは省略しますが、温暖化による熱の91％は海にため込まれています。陸上で暮らしている私たちには感じづらいのですが、地球温暖化の本当の脅威は海から迫っているのです。

仮想演習問題

① 1980年8月、日本近海まで海上の温度は27℃であったフィリピン近海で950hPaの台風が発生したが、日本に近づくにつれ勢力が弱まり上陸時には990hPaであった。

② 2020年9月、日本近海まで海上の温度は27℃であったフィリピン近海で950hPaの台風が発生した。日本に近づいても勢力が弱まらず960hPaで上陸した。

①と②は同じ条件なのに、なぜ違いが生まれたのか考察してみよう！

〈条件：海洋観測研究センターの報告書「アルゴフロートで世界の海を測って20年」より抜粋〉

海洋は地球表面の7割を占め、その熱容量は大気のおよそ1000倍もあるため、海全体が0.01℃上昇する熱量は大気全体を10℃上昇させることになります。近年海中深くまで温度が上昇していることが全海洋3000箇所で計測を行っているアルゴフロートで確認されています。

仮想演習問題解説

①海域表層が27℃であっても、その下にある海中は冷たいままである。台風が海をかき混ぜることで海中の冷たい水が表層と混ざり合い表層の温度が下がる。台風自身が自らを冷やしている。

②近年海中深くまで温度が上昇していることがアルゴフロートで確認されている。台風が海をかき混ぜても、海中も温度が高いので海域表層の温度は下がらず台風にエネルギーを供給し続ける。

パリ協定では平均気温上昇を1.5℃以下に抑える目標を掲げていますが、平均気温とは陸域・海域の**表面温度**の平均のことで、面でしか捉えていません。本当は「深さ」「高さ」「時間」も考慮する必要があります。

⑵　世界の科学者は50年も前から、環境汚染のピークが2030年頃に訪れると予想していました。

1972年、ストックホルムで「国連人間環境会議」が開催され、人間環境宣言が採択されました。

会議の科学的根拠として使われたのが、ローマクラブが発表した「成長の限界」です。

この「成長の限界」では工業発展や人口増加そして環境汚染のピークが2030年頃に訪れると予想していました。少なくとも50年前から科学者は警告していましたが、世界の首脳たちは頭ではわかっていても心で抵抗し、経済を優先にしていたのです。

(3) 1992年、ブラジルのリオデジャネイロで「国連環境開発会議」が開催されました。「地球サミット」と言われる当時としては最大級の国際会議で、

- 気候変動枠組条約の採択
- 森林原則声明の採択
- 生物多様性条約の署名
- アジェンダ21の採択
- 環境と開発に関するリオデジャネイロ宣言（リオ宣言）

など、現在に続く国際的な取り組みの骨格ができました（詳細は第1章をご覧ください）。

このことは日本でも大きく報道され、一般の人も30年前から地球温暖化のことを耳にしていたのです。

しかし「自分や自分の子どもの世代は大丈夫だろう……」「21世紀には科学が発達して問題を解決しているさ！」、恥ずかしながら私もそのように思っていました。人々は変化に抵抗し、自分に都合の良い未来を勝手に想像していたのです。

(4) 2011年、中東の国シリアで内戦が起き現在も続いています。日本の報道機関は、「イスラーム教アラウィー（‘Alawī）派」の大統領が化学兵器を使用して、人口の約76%を占める「イスラーム教スンナ（Sunna）派」を抑圧しているような報道をしていました。

しかし内戦にいたる原因の本質は「**気候難民**」なのです。2006年から

2009年にかけて国全体が大干ばつに見舞われ、農地の60%が失われ、家畜の80%が餓死しました。国際協力NGOワールド・ビジョン・ジャパンの報告によると、総人口約2102万人のうち約660万人が難民になってしまい、多くの人が首都ダマスカスに押し寄せました。このような状態ではどんな政権が担当しても治安を守ることなどできません。

地球温暖化が起因とされる干ばつはシリア以外にも世界各地で報告されています。

さらに地球温暖化による海面上昇によって、島嶼国のなかの一部には、島そのものが水没の危機に追いまれている国もあります。日本も例外ではないことは、冒頭に記載したとおりです。

国連難民高等弁務官事務所（UNHCR：The Office of the United Nations High Commissioner for Refugees）によると、2050年には1億4300万人が「気候難民」化すると報告しています。

皆さんは、この事実を知っても抵抗しますか？

それとも行動しますか？

では、どんな行動をすればよいのでしょうか？

3　1%の変化が劇的に世界を変える

(1)　質問：たとえば牛乳を買うとき陳列棚の前から取りますか？ それとも後ろから取りますか？

もし後ろから取る人が多いと、前に残った牛乳は消費期限切れで廃棄処分ですね！

(2)　質問：前に残った牛乳の廃棄費用は誰が負担すると思いますか？

表14-1　我が国の食品廃棄物等及び食品ロスの発生量

	食品廃棄物等			食品ロス		
	全体	うち事業系	うち家庭系	全体	うち事業系	うち家庭系
平成30年度	2,531万ﾄﾝ	1,765万ﾄﾝ	766万ﾄﾝ	600万ﾄﾝ	324万ﾄﾝ	276万ﾄﾝ
日本は年間**5000万人分**、金額にして11兆円（1人当たり**9万円**）も廃棄している						

出典：消費者庁　http：//www.env.go.jp/press/109519.html

日本の総人口	1億2000万人	
日本の食品廃棄物	5000万人分	（表14-1より）
日本の食料総コスト	1億7000万人分	

日本は、1億7000万人分のコストをかけて、1億2000万人分の食品と消費をしています。

では、桁数を減らして牛乳の金額に例えてみましょう。

牛乳消費額	120円
牛乳廃棄額	50円
牛乳購入額	170円

皆さん、牛乳を170円で買っていませんか？　本当は120円で買えるものであるはずなのに。

皆さんは、日頃の生活のなかでエコを意識されていると思います。しかしそのエコって170円で買ったものに対するエコですよね！　問題解決になっていますか？　あなたが前から取ってエコに気をつけていても、ほかの他人が牛乳を後ろから取っている限り170円でしか買えないのです。

牛乳消費額	120円
~~牛乳廃棄額~~	~~50円~~
牛乳購入額	120円
	~~170円~~

このような社会になれば問題解決ですね！　しかし本当に、このような社会を実現できるのでしょうか？

答えは、「2030年までにこのような社会になります」です。

それがSDGsです。

SDGsとは2030年のあるべき姿を描き、そこからバックキャスティングで今何をするべきかを考え行動することです。もちろん買い物弱者を保護したうえでの話ですが、すべての人が牛乳を陳列棚の前から取る。牛乳に限らずすべての消費行動をこのように変えるだけで、みんなが新鮮で安く物を買えるようになるのです。

今までの価格　＝　消費額　＋　廃棄額
SDGs 価格　＝　消費額　~~＋　廃棄額~~

(3)　では、もう一度単位を変えてサプライチェーン・バリューチェーンから検証してみましょう。

牛乳売上数　120個
~~牛乳廃棄数　50個~~

牛乳仕入数　120個
~~170個~~

今まで170個仕入れていたスーパーは120個だけの仕入れで済みますね。それは全ての業界、全てのサプライヤーにもいえることで、問屋さんも、メーカーも、部品会社も素材会社も……遠く遡って資源産出国も同じです。

「先入れ先出し」という言い方をしますが、消費者以外のサプライヤーは、先に作った物を先に出荷し、後から作った物は後から出荷します。後から作られた物を先に消費（陳列棚の後ろから取る行為）をしているのは消費者だけです。

つまり消費者が、ほんの1%行動を変える（陳列棚の前から取る行為）だけで、全てのサプライチェーンの無駄がなくなり劇的に世界を変えるのです。そしてその好循環はSDGsの他の目標にも波及します。

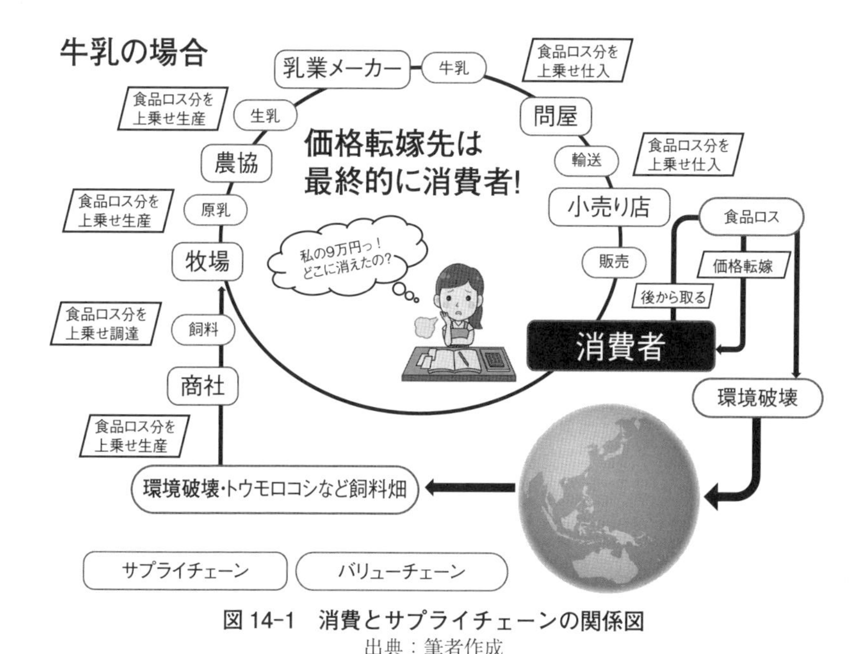

図 14-1　消費とサプライチェーンの関係図

出典：筆者作成

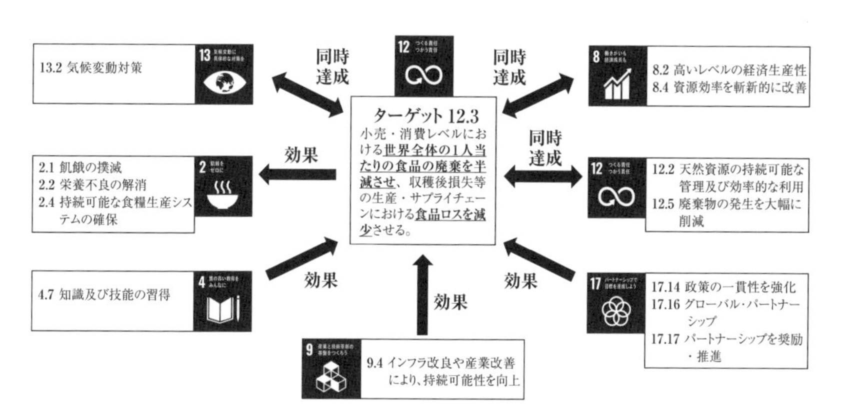

図 14-2　SDGs と食品リサイクルの関係図

出典：農林水産省ホームページ

P.78 図 4-3 でも紹介しています。

4　まとめ

牛乳を棚の前から取ったからといって何か暮らしが変わるでしょうか？

何も変わりませんね！

SDGsとは自分の暮らしを犠牲にして、飢餓で苦しんでいる人を救う聖者になりなさい！ と言っているのではありません。今の暮らしはそのままでよいのです。ただ食品廃棄などの無駄を出さないでくださいと言っているだけです。

私たちの暮らしに電気は欠かせなくなっていますが、石炭火力発電で作られた電気から再生可能エネルギーで作られた電気に替わったからといって暮しが変わることはありませんね。ガソリン車から電気自動車に替わっても移動できることに変わりはありませんね。

人は変化に抵抗しますが、SDGsをバックキャスティングで正しく実行すれば、暮らしは何も変えなくてよいのです。

Column　eco検定受験対策セミナー

eco検定（環境社会検定試験）®とは、東京商工会議所が開催している検定試験で、2006年の試験開始以来2022年までに約58万人が受験し、35万人を超えるエコピープル（＝検定試験合格者）が誕生しています。

世界的な環境意識の高まりに伴い、多くの製品やサービスが環境を意識したものに変わってきています。企業においても、ビジネスと環境の相関を的確に説明できる人材の育成が欠かせないものとなっています。eco検定は、複雑・多様化する環境問題が幅広く体系的に身に付く「環境教育の入門編」として、幅広い業種・職種の人が活用しています。

おおさかATCグリーンエコプラザでは、eco検定に合格するためのセミナーを年2回行っています。このセミナーがユニークなのは、将来環境問題解決へ取り組むリーダーを育てたいという想いから、学生さんに講師体験をしてもらっていることです。

人一倍努力して多くのことを学んでも、それを伝えることができなければ何の役にも立ちません。講師体験は「学んだ」と「理解した」の違いを実感し、物事の本質を理解できようになります。
講師体験された学生さんは、この経験を活かして社会に出てからも、それぞれの分野で活躍しています。

学生講師コメント　2020 年和歌山大学卒業　M さん

• eco 検定対策講座の講師を通じて

大学で環境の勉強をしても、その知識を生かす機会の少なさを感じていました。そんななか eco 検定対策講座の講師という機会をいただきました。想像以上に環境の知識が自分に定着していないことを実感し、より高い意識で環境について考えることができました。また講師としての私へ対価を支払っている方々に対して講義をするという責任感もそれまでの学生生活では体験できないものでした。

社会人になった今でも環境の知識、そして講師としての経験は日々活かされています。

学生講師体験の様子

年	学生講師
2016 年	大阪大学　　　S さん（現：公務員）
2017 年	関西大学　　　K さん（現：会社員）
2018 年	和歌山大学　　M さん（現：公務員）
2022 年	関西学院大学　I さん

https：//toyonakaeco.jimdofree.com/

上手くできなくても心配はいりません。それは失敗と言わず経験って言います！　経験は一生なくなることのない財産です。まず一歩踏み出してください。

筆者が責任を持ってレクチャーしますので、チャレンジしたい学生さん！連絡お待ちしております。

Column　環境問題で「物事の本質を見抜く力」を養って

大企業から中小企業まで、おおさか ATC グリーンエコプラザ（以下、エコプラザとする）では環境に先進的に取り組む 100 社以上の展示を一堂に見ることができます。いろいろな企業のユニークな取り組みを見ながら、自分ならどうするか、どの企業と一緒にどんなことができるか、どんな課題が解決できるかなど考えを巡らせてみることは貴重な経験となるでしょう。

エコプラザでは環境問題を学生の皆さんと一緒に考える場をたくさんご用意しています。

展示場の見学はもちろん、前掲のコラムにもありますが年に 2 回開催されるエコ検定対策講座での講師体験では、人に伝えることで環境問題を深く考えるきっかけになります。この講座は企業の新人研修などにも活用されています。さらには、とよなか市民環境会議アジェンダ 21 でもオンラインで配信するなど、いろいろな企業、団体と協業で環境問題を考えたり解決につなげたりしています。

環境問題を考えることは、「物事の本質を見抜く力」を養うことです。偏った考え方では環境問題の根本的な解決にはなりません。次代を担う皆さんにとってこのような力を身に着けることは必ずや大きな強みとなるに違いありません。そのきっかけにエコプラザを活用していただければ幸いです。

・おおさか ATC グリーンエコプラザとは

大阪南港 ATC にある環境ビジネスの常設展示場。大阪市、ATC、日本経済新聞社の 3 社が実行委員会形式で運営している。

https://www.ecoplaza.gr.jp/

アジア太平洋トレードセンター株式会社　安田夏実

第15章

生活に欠かせないもの

下司聖作

Chapter contents

Objective

SDGsの究極の目標は「誰一人取り残さない」ですが、その目標を達成するために自分の立ち位置がどこにあるのか、生活していくうえで絶対に欠かせない“もの”に焦点を当てて解説していきます。

1　生活に欠かせない“もの”

(1) 質問①

あなたにとって生活に欠かせないと思う“もの”を、下の余白にできるだけたくさん書き出してください。

〈最低でも20個以上〉

〈回答例〉

・食べ物・家・冷蔵庫・車・テレビ・スマホ・SNS・お金・エネルギー

・インフラ・清潔な環境・友情・愛・共感・信頼・助け合い・平和

・持続可能性・生物多様性・平等・教育・オゾン層・太陽等

あなたはどんな回答を書かれましたか？

「水」や「空気」など生命にとって欠かせない“もの”や、「本」や「スマホ」など趣味・娯楽に必要な“もの”などいろいろありますね！

では「トイレ」と書かれた方はいらっしゃいますか？

(2) 質問②

「トイレ」のない生活を頭のなかで思い浮かべてください。

答えは皆さんの想像に任せますが、あまりキレイなものではないと思います。

ユニセフ（国連児童基金）によると、世界の約22億人が、安全に管理された飲み水の供給を受けられず、42億人が安全に管理された衛生施設（トイレ）を使うことができず、30億人が基本的な手洗い施設のない暮らしをしています。

https://www.unicef.or.jp/news/2019/0093.html

2 生活に欠かせない“もの”を得るには

(1) 質問

安全に管理された水の供給と、安全に管理された衛生施設（トイレ）を得るには何が必要ですか？

思い浮かぶ“もの”をすべて書き出してください。

（例）

・水源（雨、地下水、湖、川、森、土壌、ダム）・上水道・下水道・便器

・トイレットペーパー・生産や工事するための資金、人、技術、知識

・安全に生産や工事するための治安、平和・使う側の購買力・ジェンダーへの配慮

3　SDGs17個の目標が揃わないと得られない

2節(1)の質問で書き出した“もの”を下図へ振り分けてください。友達と話し合っても良いですよ。また同じ“もの”を別々の目標に書いても構いません。

①	1 貧困をなくそう	貧困	
②	2 飢餓をゼロに	飢餓	
③	3 すべての人に健康と福祉を	健康な生活	
④	4 質の高い教育をみんなに	教育	
⑤	5 ジェンダー平等を実現しよう	ジェンダー平等	
⑥	6 安全な水とトイレを世界中に	水	
⑦	7 エネルギーをみんなにそしてクリーンに	エネルギー	
⑧	8 働きがいも経済成長も	雇用	
⑨	9 産業と技術革新の基盤をつくろう	インフラ	

⑩	10 人や国の不平等をなくそう	不平等の是正	
⑪	11 住み続けられるまちづくりを	安全な都市	
⑫	12 つくる責任 つかう責任	持続可能な生産・消費	
⑬	13 気候変動に具体的な対策を	気候変動	
⑭	14 海の豊かさを守ろう	海洋	
⑮	15 陸の豊かさも守ろう	生態系・森林	
⑯	16 平和と公正をすべての人に	法の支配等	
⑰	17 パートナーシップで目標を達成しよう	パートナーシップ	

4 まとめ

生活に欠かせない“もの”は、お金と身の回りの物ぐらいしかないと思っていませんでしたか？ 今回はトイレや水を例に挙げましたが、この二つを手に入れるだけでもSDGs17個の目標がすべて埋まりましたね！

私たちが地球で暮らす限り、何らかの形で他人や自然とつながっています。地球規模でいうと生態系サービスから享受する恵沢がないと水や空気も手に入らないのです。

SDGsの究極の目標は、「誰一人取り残さない」ですが、逆にあなたも世界を構成する大切な1人であることを意識してください。世界を構成するには「誰一人欠かせない」のです。

〈ゲームでちょっと一息〉　大谷翔平 SDGs ゲーム

大谷 翔平

体のケア	サプリメントをのむ	FSQ 90kg	インステップ改善	体幹強化	軸をぶらさない	角度をつける	上からボールをたたく	リストの強化
柔軟性	体づくり	RSQ 130kg	リリースポイントの安定	コントロール	不安をなくす	力まない	キレ	下半身主導
スタミナ	可動域	食事 夜7杯 朝3杯	下肢の強化	体を開かない	メンタルコントロールをする	ボールを前でリリース	回転数アップ	可動域
はっきりとした目標、目的をもつ	一喜一憂しない	頭は冷静に心は熱く	体づくり	コントロール	キレ	軸でまわる	下肢の強化	体重増加
ピンチに強い	メンタル	雰囲気に流されない	メンタル	ドラ1 8球団	スピード 160km/h	体幹強化	スピード 160km/h	肩周りの強化
波をつくらない	勝利への執念	仲間を思いやる心	人間性	運	変化球	可動域	ライナーキャッチボール	ピッチングを増やす
感性	愛される人間	計画性	あいさつ	ゴミ拾い	部屋そうじ	カウントボールを増やす	フォーク完成	スライダーのキレ
思いやり	人間性	感謝	道具を大切に使う	運	審判さんへの態度	遅く落差のあるカーブ	変化球	左打者への決め球
礼儀	信頼される人間	継続力	プラス思考	応援される人間になる	本を読む	ストレートと同じフォームで投げる	ストライクからボールに投げるコントロール	奥行きをイメージ

図 15-1　花巻東時代に大谷が立てた目標シート

出典：「スポニチアネックス」Web 記事、2013 年 2 月 2 日より。
https://www.sponichi.co.jp/baseball/news/2013/02/02/gazo/G20130202005109500.html

大谷翔平さんは、大リーグで大活躍している野球選手です。

人一倍努力したから活躍できるようになったのですが、ただ漠然と努力したわけではありません。

目標シートの曼陀羅にあるように、何をするべきか、しっかり計画を立てて練習に励みました。

①皆さんも一番関心のある SDGs 目標を曼陀羅の中心に書いて、それを達成するためには、ほかのどの目標の達成が欠かせないかを周りに書いてください。

②次に周りに書いた目標を、外側の曼陀羅の中心に書いてください。

③あなたが外側の曼陀羅の中心に書いた目標を、内側の曼陀羅の中心に書いている人を探して、さらにその人が周りに書いている目標を書き写してください。

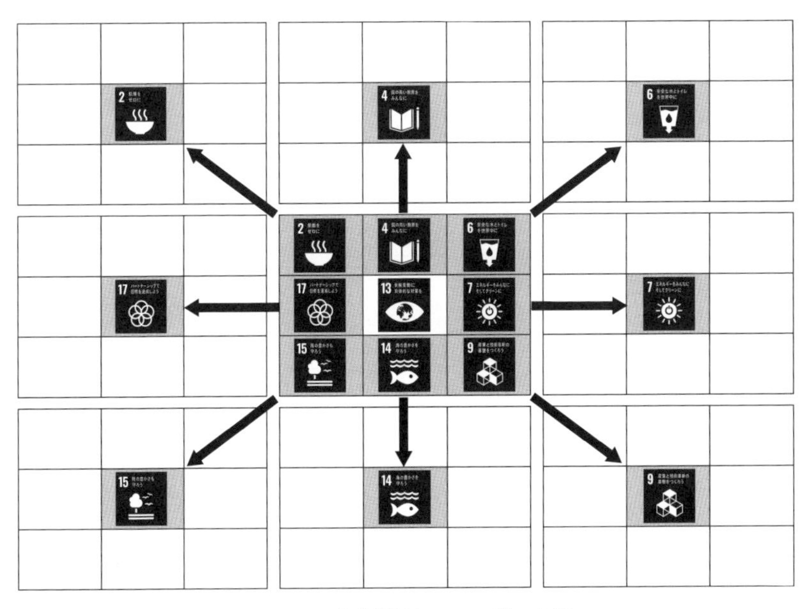

図 15-2　大谷翔平 SDGs ゲーム①

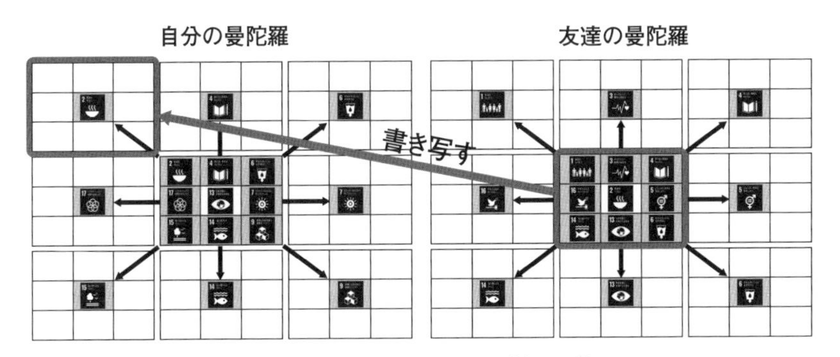

図 15-3　大谷翔平 SDGs ゲーム②

自分が必要とする友達を全部見つけたら左側のようになりますが、実際にゲームをやるときは右側のように番号だけでいいですよ。

1	3	4	1	2	6	1	4	5
16	2	5	17	4	8	16	6	8
14	13	6	5	16	11	13	12	11
16	4	12	2	4	6	1	4	6
6	17	13	17	13	7	11	7	8
11	7	1	15	14	9	16	14	12
6	4	13	1	4	12	13	4	6
14	15	7	9	14	6	12	9	7
1	16	12	10	11	16	16	5	8

図 15-4　大谷翔平 SDGs ゲーム③

さて、自分と違う目標に取り組んでいる人も実はつながっていて、1人で悩んでいるよりも、お互いが助け合いながら取り組んだ方が、自分の目標も早く達成できることを感じていただけたでしょうか？ さらにこの曼陀羅の周りにも曼陀羅があって、世界の人々ともつながっています。SDGsのロゴマークは世界共通ですからどこまでも広げることができますよ。

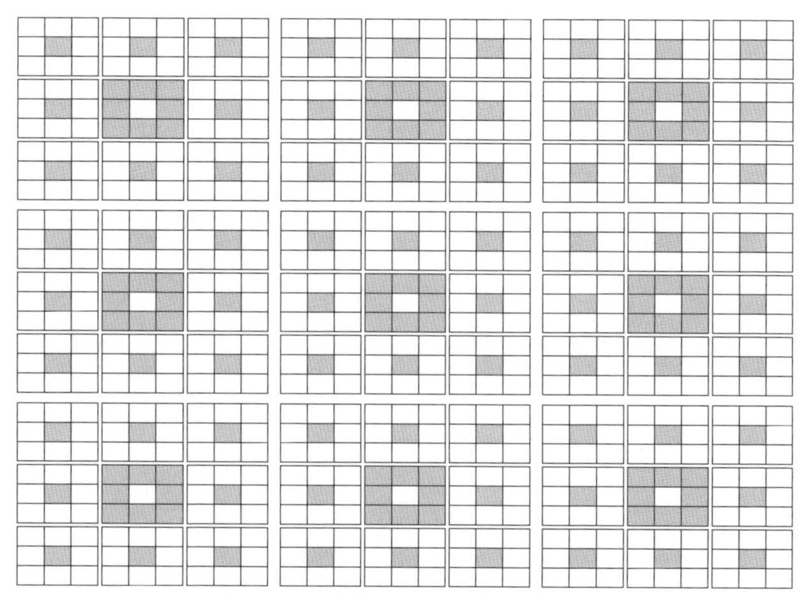

図 15-5　大谷翔平 SDGs ゲーム参考図

Column 海洋プラスチックごみをなくすために

皆さんは、「海洋プラスチックごみ」という言葉を聞いたことがあるでしょうか。文字どおり、海の中にあるプラスチックごみのことです。近年、「2050年頃には、海の中のプラスチックごみが、魚の重量を超えるのではないか」という予測が発表されるなど、世界的な問題になっています。日本でも、2020年7月1日から、スーパーやコンビニのレジ袋が原則有料化されたこともあり、皆さんが生活のなかで意識する機会も多くなってきているのではないでしょうか。

私は、大阪府庁で環境行政に取り組んでいる職員です。ここでは私が取り組んだ海洋プラスチックごみ問題についてご紹介します。

海洋プラスチックごみは、日本海や太平洋に面した海域ではアジア各国から流れ着いたごみも多いのですが、大阪湾の場合、その多くは陸域で皆さんが使用したプラスチックが、何らかの理由で環境中に飛散、流出したものが海にまで達してしまったことによって発生しています。

プラスチックは石油から作られますが、製造コストがとても安く、成型・加工しやすく、製品としても軽くて扱いやすいため、私たちの生活のいたるところに浸透しています。プラスチックが世界に出回り始めた1950年代から現在まで、世界には約83億トンものプラスチック製品が供給されましたが、その約6割にあたる49億トンが、使い捨て容器や包装材として利用され、廃棄されたという研究もあります。安くて便利なので、大量に生産され、どんどん消費されてきたのです。

捨てられたプラスチックごみは、どこに行くのでしょうか。ちゃんとごみ箱に捨てたからといって安心はできません。ごみの集積所や街中のごみ箱は、野生鳥獣が餌になるものがないか狙っていますし、雨風によって、流されたり飛ばされたりすることもあります。また、海や山では、野外活動で飲食した後のごみが放置され、そのまま流されてしまうといったことが現実に起こっています。

プラスチックは、非常に丈夫なように見えますが、実は光（紫外線）に弱く、屋外で日光に当たるとボロボロになってしまいます。家事をされる方なら、ベランダで外干しに使っているプラスチック製の洗濯ばさみが、使っているうちに白い粉をふいて、簡単に折れてしまったという経験があるのではないでしょうか。海に流出したプラスチックごみは、光や波の影響でボロボロになり、少しずつ小さくなっていきます。直径5mm以下のものはマイクロプラスチックと呼ばれ、生物が取り込むことによる影響が懸念されている一方で、ここまで小さくなると回収困難です。今では、マイクロプラスチックは、世界有数の高山や深い海溝の底、南極海など、地球上のあらゆる場所で観測されています。

国や府の調査で、大阪湾でも、海岸や海底、海水中に大量のプラスチックごみが見つかっていますが、ほとんどがペットボトルやレジ袋をはじめとした使い捨てのプラスチックです。皆さんの日々の暮らしのなかで一瞬使われ、不要となって手を離れたプラスチックが、知らないうちに海を汚してしまっているのです。

海洋プラスチックごみ問題は、とても解決の難しい問題です。今さらプラスチックを使わない生活に戻ることは簡単ではありません。公害問題のように誰か特定の原因者がいるわけではなく、あらゆる人が発生源になる可能性があります。川から流れたり、風で飛ばされたり、海でポイ捨てされたりと経路も様々で、どこかで網を張っておけば止められるというものでもありません。

ポイ捨てしないことは当然ですが、製品を作る事業者も、利用する消費者も、このプラスチックは必要だろうか、ほかに代わりはないかと、気づいたり考えたりすることが大切だと思います。レジ袋の有料化は、そのきっかけになるものではないでしょうか。

海洋ごみについての大阪府の考え方と取り組みについては、令和3年3月に策定した「おおさか海ごみゼロプラン」にまとめています。次の世代にきれいな海を残したいと願って作りました。ぜひご覧ください。

より詳しく学んでいただけるように、動画を一つご紹介しておきます。私が大学でオンライン講義を行うにあたり、実感を持って学んでいただけるように用意したものです。撮影・編集は、福祉分野でソーシャルワーカーとして活躍されており、パパ友でもある和泉さんにご協力いただきました。環境問題の解決のためには、環境の世界に閉じこもらず、他分野との相互理解、相互連携が重要だと、常々思いながら仕事をしてきました。まさにこれは、社会課題の同時解決を目指すSDGsの精神でもありますし、何より楽しく仕事をすることにつながると思っています。

【動画】
海洋プラスチック問題について考える
（フクシのみらいデザイン研究所 Youtube チャンネル）
https://www.youtube.com/watch?v=5XPWqQT00Mw

動画二次元バーコード

動画のサムネイル

大阪湾の海岸に散乱したごみ
（二色浜）

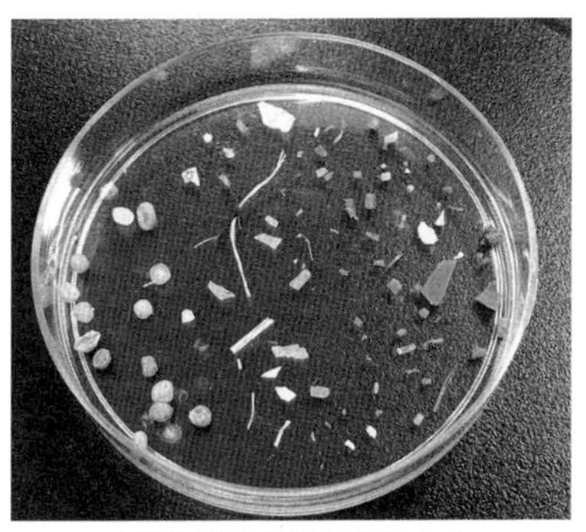
大阪湾の調査で回収された
マイクロプラスチック

【参考文献】
○磯辺篤彦『海洋プラスチックごみ問題の真実――マイクロプラスチックの実態と未来予測』（化学同人、2020）
○「おおさか海ごみゼロプラン」（大阪府）
https://www.pref.osaka.lg.jp/kankyohozen/osaka-wan/umigomi-zero-plan.html

大阪府環境農林水産部　課長補佐　山本祐一

参考文献

第１章
・国際連合広報センターウェブサイト「首脳会議とその他の会議」
（https://www.unic.or.jp/activities/economic_social_development/sustainable_development/summit_and_other_meetings/）
・独立行政法人環境再生保全機構ウェブサイト「環境問題の歴史」
（https://www.erca.go.jp/yobou/taiki/rekishi/08.html）

第２章
・全国地球温暖化防止活動推進センターウェブサイト
（https://www.jccca.org/）
・気候変動に関する政府間パネル（IPCC）「第６次評価報告書」（AR6）サイクル
（http://www.env.go.jp/earth/ipcc/6th/index.html）
・

第３章
・山崎友紀『地球環境学入門　第２版』講談社（2015）
・蟹江憲史『持続可能な開発目標とは何か―― 2030 年へ向けた変革のアジェンダ』ミネルヴァ書房（2017）
・環境省『平成 29 年版　環境白書　循環型社会白書　生物多様性白書――環境から拓く、経済・社会のイノベーション』（2017）
・J. ロックストローム・M. クロム著、武内和彦・石井菜穂子監修『小さな地球の大きな世界――プラネタリー・バウンダリーと持続可能な開発』丸善出版（2018）
・The SDGs wedding cake（Stockholm Resilience Center）
（https://www.stockholmresilience.org/research/research-news/2016-06-14-the-sdgs-wedding-cake.html）
・惑星の境界：変化する惑星での人間開発の指針（Science）
（https://www.science.org/doi/10.1126/science.1259855）
・海洋の温室効果ガスの知識（気象庁）
（https://www.data.jma.go.jp/gmd/kaiyou/db/co2/knowledge/index.html）
・アン・ドルーヤン著、臼田 - 佐藤 功美子監修『コスモス――いくつもの世界』日経ナショナルジオグラフィック社（2020）
・生物多様性の経済学：ダスグプタレビュー（GOV.UK）
（https://www.gov.uk/government/publications/final-report-the-economics-of-biodiversity-the-dasgupta-review）
・バイオスフィア２について（アリゾナ大学）
（https://biosphere2.org/about/about-biosphere-2）

第４章
・The life cycle of a t-shirt
（https://www.youtube.com/watch?v=BiSYoeqb_VY）
・openSAP
（https://open.sap.com/）
・『Harvard Business Review』2019 年２月号、ダイヤモンド社（2019）

・国際連合広報センター
（https://www.unic.or.jp/）
・SDG Compass、GRI, 国連グローバルコンパクト , wbcsd（2016）
・"SCIENCE AND THE SUSTAINABLE DEVELOPMENT GOALS" by Simone Grego, Regional Advisor for Natural Science, UNESCO Regional Office Abuja
・矢野憲一『伊勢神宮――知られざる杜のうち』角川学芸出版（2006）
・国際統合報告フレームワーク
（https://www.integratedreporting.org/）
・GRI
（https://www.globalreporting.org/）
・

・**第５章**

・山崎友紀『地球環境学入門 第２版』講談社（2015）
・openSAP
（https://open.sap.com/）
・エレン・マッカーサー財団 ウェブサイト
（https://ellenmacarthurfoundation.org/）
・グローバルリスク報告書（World Economic Forum）
（https://www.weforum.org/）
・地球環境・国際環境協力（環境省ウェブサイト）
（https://www.env.go.jp/earth/datsutansokeiei.html）
・黒田一賢著・井熊均監修『ビジネスパーソンのための ESG の教科書――英国の戦略に学べ』日経 BP（2019）
・バンクミンスター・フラー『宇宙船地球号 操縦マニュアル』ちくま学芸文庫（2000）

第６章

・環境基本法（e-Gov 法令検索）
（https://elaws.e-gov.go.jp/document?lawid=405AC0000000091）
・京都市地球温暖化対策条例（京都市情報館）
（https://www.city.kyoto.lg.jp/kankyo/page/0000215806.html）
・特定事業者制度（京都市情報館）
（https://www.city.kyoto.lg.jp/menu1/category/14-13-6-0-0-0-0-0-0-0.html）
・京の生きもの・文化協働再生プロジェクト認定制度【団体版】（京生きものミュージアム）
（https://ikimono-museum.city.kyoto.lg.jp/prj_dantai/）
・企業エシカル通信簿（消費から持続可能な社会をつくる市民ネットワーク）
（https://cnrc.jp/works/business-ethical-rating/）

第７章

・尼崎市市制 90 周年記念『図説尼崎の歴史』上・下巻、尼崎市（2007）
・尼崎市地球温暖化対策推進計画
（https://www.city.amagasaki.hyogo.jp/shisei/si_kangae/si_keikaku/033ontaikeikaku.html）

第８章
・こなんウルトラパワー株式会社ウェブサイト
（https://konan-ultra.de-power.co.jp/）

第９章
・SDG Compass
（https://sdgcompass.org/wp-content/uploads/2016/04/SDG_Compass_Japanese.pdf）

第 10 章
・GCNJ サプライチェーン分科会『CSR 調達入門書——サプライチェーンへの CSR 浸透』（2016）
・GCNJ サプライチェーン分科会『CSR 調達 セルフ・アセスメント・ツール・セット』（2017）
・GCNJ サプライチェーン分科会『CSR 調達 セルフ・アセスメント・ツール・セット（回答の手引書）』（2020）
・一般社団法人 SDGs 市民社会ネットワーク『基本解説 そうだったのか。SDGs』（2017）
・エコ・ファースト制度について（環境省ウェブサイト）
（https://www.env.go.jp/guide/info/eco-first/index.html）
・GCNJ ウェブサイト
（https://www.ungcjn.org/index.html）
・Sustainablel Japan ウェブサイト
（https://sustainablejapan.jp/2015/04/28/reporting-guideline-chaos-map/14933）
・東京 2020 オリンピック・パラリンピック競技大会 東京都ポータルサイト
（https://www.2020games.metro.tokyo.lg.jp/special/watching/tokyo2020/games/sustainability/sus-code/）
・公益社団法人 2025 年日本国際博覧会協会ウェブサイト
（https://www.expo2025.or.jp/overview/sustainability/sus-code/）
・『日本経済新聞』リーガルの窓、2017 年 7 月 10 日付

第 11 章
・ブルーノ・マンサー『熱帯雨林からの声——森に生きる民族の証言』野草社（1997）
・笹岡正俊・藤原敬大『誰のための熱帯林保全か——現場から考えるこれからの「熱帯林ガバナンス」』新泉社（2021）
・林田秀樹『アブラヤシ農園問題の研究Ⅰグローバル編——東南アジアにみる地球的課題を考える』晃洋書房（2021）
・林田秀樹『アブラヤシ農園問題の研究Ⅱローカル編——農園開発と地域社会の構造変化を追う』晃洋書房（2021）

第 12 章
・協働契約（尼崎市公式ウェブサイト）
（https://www.city.amagasaki.hyogo.jp/shisei/si_mirai/kyodo_sikumi/1020250.html）
・豊中市における「協働の文化」づくり事業（豊中市ウェブサイト）
（https://www.city.toyonaka.osaka.jp/machi/npo/katudo/kyodojigyo/ugoki/kyodo_bunka.html）
・エネルギー消費機器の小売事業者等の省エネ法規制（省エネルギー庁ウェブサイト）

(https://www.enecho.meti.go.jp/category/saving_and_new/saving/enterprise/retail/)
・省エネ型製品情報サイト
(https://seihinjyoho.go.jp/)
・省エネラベル（京のアジェンダ21フォーラム）
(http://ma21f.jp/02wg/lifestyle/enelabel/)
・祇園祭ごみゼロ大作戦
・(https://www.gion-gomizero.jp/)
・地方創生SDGs官民連携プラットフォーム（内閣府）
(https://future-city.go.jp/platform/)
・関西SDGsプラットフォーム
(https://kansai-sdgs-platform.jp/)

第14章

・IPCC（気候変動に関する政府間パネル：Intergovernmental Panel on Climate Change）
(https://www.ipcc.ch/)
・【アルゴ2020】アルゴフロートで世界の海を測って20年（JAMSTEC BASE）
(https://www.jamstec.go.jp/j/pr/topics/column-20210205/)
・我が国の食品廃棄物等及び食品ロスの発生量の推計値（平成30年度）の公表について（環境省）
(https://www.env.go.jp/press/109519.html)

Column

・磯辺篤彦「海洋プラスチックごみ問題の真実——マイクロプラスチックの実態と未来予測」化学同人（2020）
・おおさか海ごみゼロプラン（大阪府）
(https://www.pref.osaka.lg.jp/kankyohozen/osaka-wan/umigomi-zero-plan.html)

SUSTAINABLE
DEVELOPMENT
GOALS

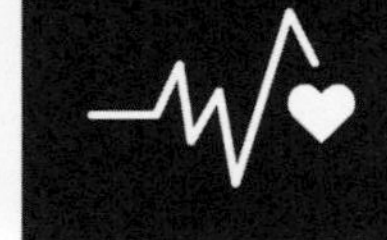

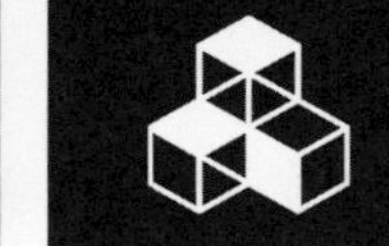
1 貧困をなくそう
2 飢餓をゼロに
3 すべての人に健康と福祉を
4 質の高い教育をみんなに
5 ジェンダー平等を実現しよう
6 安全な水とトイレを世界中に
7 エネルギーをみんなにそしてクリーンに
8 働きがいも経済成長も
9 産業と技術革新の基盤をつくろう
10 人や国の不平等をなくそう
11 住み続けられるまちづくりを
12 つくる責任つかう責任
13 気候変動に具体的な対策を
14 海の豊かさを守ろう
15 陸の豊かさも守ろう
16 平和と公正をすべての人に
17 パートナーシップで目標を達成しよう

おわりに

今、私たち人類は歴史上で、最も繁栄した時代を生きています。世界の人口は毎年1億人以上増加していますが、極度の貧困（1日1.25米ドル未満で生活）で暮らす人の数は、半数以下に減少しました。途上国などで暮らす栄養不良の人々の割合もほぼ半減。また、学校に通っていない子どもたちの数も半分近くになりました。

一方で、筆者らが本書を執筆中の2022年は、1992年の地球サミットからちょうど30年となります。では、この間に環境問題はどうなったでしょうか。

地球温暖化や生物多様性など環境問題の深刻さはどんどん増しているようにも見えます（詳しくお知りになりたい方は、ぜひ第2章や第3章などをご覧ください）。

その一方で、オゾン層の保護に成功したフロン問題への取り組みや、また、上記したような貧困問題の解決などに成果を上げてきたMDGsの後継として誕生したSDGsが、急速にその認知度と取り組みを世界的に拡大しているなど、確かな希望の光もあると感じています。

特に、SDGs目標の17番目に掲げられるパートナーシップ。国を越えた協力、行政や企業、市民といった各ステークホルダー同士による協働や連携など、様々な取り組みが進められています。とりわけ、国境を越えた若者同士の連帯には目をみはるものがあります。

ここで、本書の第1章と第2章でご紹介した、1992年セヴァン・スズキさんが国連会合で演説を行った後と、2018年グレタ・トゥーンベリさんが国連会合で演説を行った後の違いを比べてみましょう。

まず、当時と今とで、ICTの環境は大きく違います。1990年代後半から2000年代前半に起きた情報通信革命。私たちは、1992年当時には、FAXでセヴァンさんの国連でのスピーチの内容を後から知りましたが、現在、グレタさんの国連でのスピーチは、たとえ自分が地球の反対側にいたとしても、ほぼ同時に、映像と音声付きで見ることができます。そして、そういった情報通信技術の進展といった助けもあり、グレタさんの演説に触発された若者たちは、世界中で立ち上がって、気候変動や環境問題を食い止めるための、様々な活動を今日も行い、成果を上げています。

こういった動きは、1992年の地球サミットの後、伝説のスピーチと呼ばれるようになった、セヴァンさんの演説の後にも、なかったことです。行動し続ける限り、世界は、技術の力も借りながら、少しずつであっても、変化することができます。

本書は、環境問題について、国や地方行政のなかで携わっている職員、ビジネスの世界で向き合っているビジネスパーソン、海外の現地と日本を結ぶ活動をしているNGO、日々の啓発活動に従事する団体職員などが、大学学部の教養科目として主に1年生を対象に行っている講義をベースとし、熱量をそのままに、書き起こしたものです。

本書を手に取り、今の世界と日本の現状を知っていただいた皆さんのなかから、自分の目と耳で感じ取り、物事を判断し、少しでも未来に向けて、環境をよくするために、ご自身が信じる方向へ行動を取り始める方が増えれば、それは筆者たちにとって望外の喜びです。

悲観する必要はありません。まだ、時間は残されています。未来はまさに、私たち自身の手のなかにあるのです。

ここまでお読みいただき、ありがとうございました。

索引

さ

し

す

せ

た

ち

て

と

ね

は

ひ

ふ

ま

み

ら

り

れ

ろ

執筆者一覧

福嶋慶三（ふくしま けいぞう）―――――――――― はじめに・第1章・第2章・おわりに

立命館大学法学部卒業、神戸大学大学院法学研究科修了、英国サセックス大学大学院環境開発政策コース修了。環境省入省後、気候変動対策や環境教育、環境アセスメントなどに従事。その間、内閣官房（副長官補室）や、地方自治体（兵庫県尼崎市）への出向等を経験。現在、環境省近畿地方環境事務所環境対策課長兼地域脱炭素創生室長。

加納　隆（かのう たかし）―――――――――――――――――― 第3章・第4章・第5章

立教大学経済学部卒業。補正予算案件のネットワークシステム、外資系ERP、データ分析システムコンサルタントとして数多くの基幹業務プロジェクトを経験。Education部に在籍中は、カリキュラムのロールアウト、翻訳、オンデマンド講座を企画作成等を担当。環境管理士一級、環境カウンセラー。現在、ITと環境のコンサルティングを行うbuildBlueディレクター。

井上和彦（いのうえ かずひこ）――――――――――――――――――第6章、第12章

東京農業大学農学部卒業。アジア航測株式会社勤務を経て、NPO法人環境市民で受託業務に従事。NPO法人とよなか市民環境会議アジェンダ21事務局長に就任し、ローカルアジェンダ21の推進組織の運営に従事。その後、京のアジェンダ21フォーラム事務局長に就任し、組織統合により、現在、公益財団法人京都市環境保全活動推進協会企画広報室長。

小島寿美（こじま すみ）―――――――――――――――――――――――― 第7章

平成3年度に尼崎市に入庁後、情報管理、職員研修等の内部管理部門を経て、平成17年度から国保年金課にて生活習慣病予防や医療費適正化対策に取り組む。平成30年度に環境創造課に配属され、環境教育や地球温暖化対策等の環境政策に従事。現在は、都市整備局住宅部長。

上平裕子（うえひら ゆうこ）―――――――――――――――――――――― 第7章

平成19年度に尼崎市に環境衛生職採用で入庁後、尼崎市保健所にて食品衛生、環境衛生、医事薬事関係の業務に従事。その後平成28年度に現所属である環境創造課に配属され、環境モデル都市推進担当係長として地球温暖化対策に関する企画・立案等の実務を担当。

池本未和（いけもと みわ）―――――――――――――――――――――― 第8章

大阪音楽大学短期大学部卒業。石部町役場入庁後、市町村合併を経て、湖南市職員。市民環境部地域エネルギー課において、エネルギー対策担当。これまで「湖南市地域自然エネルギー基本条例」の条例制定や、自治体地域新電力会社「こなんウルトラパワー株式会社」の設立を担当。現在、環境経済部環境政策課長兼地域エネルギー室長。

下司聖作（げし せいさく）――――――――――――――― 第9章、第14章、第15章

とよなか市民環境会議アジェンダ21コーディネーター。そのほか、おおさかATCグリーンエコプラザeco検定受験対策セミナー講師、エコ・ファースト「環境おじさん饒舌会」プロデュース、近畿大学基礎ゼミSDGs特別講座講師、阪南大学経済学部まちづくり特別講座1非常勤講師、豊中SDGsネットワーク事務局長などを務める。eco検定アワード2019・2022優秀賞受賞。

真次成昌（まつぐ しげまさ）――――――――――――――――――――― 第10章

関西大学工学部電気工学科卒業。兵庫県の住設機器メーカーへ入社しエレクトロニクス設計等を経験。GCNJ-SC分科会にも参画し、リーダー役としてCSR調達環境整備にも貢献。英国CMI認定サステナビリティ（CSR）プラクティショナー、調達プロフェッショナルCPP資格等も保有。現在、同メーカー調達部門で調達DXやCSR調達推進等に従事、労働組合中央委員議長を兼務。

石崎雄一郎（いしざき ゆういちろう）――――――――――――――― 第11章

関西学院大学総合政策学部卒業、龍谷大学政策学研究科NPO・地方行政コース修了。京のアジェンダ21フォーラム事務局コーディネーター、NPO法人環境市民チーフコーディネーターを経て、現在、ウータン・森と生活を考える会事務局長、NPO法人ボルネオ保全トラスト・ジャパン理事、NPO法人環境市民理事、一般社団法人ソーシャルギルド理事。

小田真人（おだ まさと）―――――――――――――――――――――――― 第13章

慶応義塾大学環境情報学部卒業。多摩大学院MBA。民間企業でITコンサルティングに従事。シンガポール駐在を経て独立。グローバルイシューにルールでアプローチすべく株式会社オシンテックを創業、同社代表取締役。開発したRuleWatcherはUNESCOからGlobal TOP100に認定。神戸情報大学院大学の客員教授を兼務。2022年には探究インテリジェンスセンターを設立、同センター長。

SDGs 時代に知っておくべき環境問題入門

2023 年 3 月 31 日 初版第一刷発行

編著者　福嶋慶三・加納　隆・井上和彦・下司聖作

発行者　田村和彦
発行所　関西学院大学出版会
所在地　〒 662-0891
　　　　兵庫県西宮市上ケ原一番町 1-155
電　話　0798-53-7002

印　刷　大和出版印刷株式会社

ISBN 978-4-86283-361-7